广东省"十四五"职业教育规划教材

BIM 应用教程：
Revit Architecture 2016
（第二版）

主　编　高　华　施秀凤
副主编　丁丽丽　鄢维峰

华中科技大学出版社
http://press.hust.edu.cn
中国·武汉

内 容 提 要

本书基于 Revit Architecture 软件，借鉴学校"教工之家"项目实例，详细介绍了建筑工程各分项工程项目建模的实际操作过程。全书共 14 章，内容包括 Revit Architecture 概述，创建标高与轴网，创建墙体，柱的创建，门、窗的创建，楼板、天花板的创建，屋顶的创建，创建楼梯、扶手、坡道和洞口，放置构件模型，场地与场地构件，渲染与漫游，图形注释，Revit 统计，族与体量。

本书可作为高职高专土建类及其他相近专业的教学用书，也可作为 BIM 技能等级考证参考用书，还可作为建筑工程相关技术人员的培训用书。

图书在版编目(CIP)数据

BIM 应用教程：Revit Architecture 2016/高华，施秀凤主编. —2 版. —武汉：华中科技大学出版社，2020.8
(2025.2 重印)

ISBN 978-7-5680-6297-8

Ⅰ.①B⋯ Ⅱ.①高⋯ ②施⋯ Ⅲ.①建筑设计-计算机辅助设计-应用软件-高等职业教育-教材
Ⅳ.①TU201.4

中国版本图书馆 CIP 数据核字(2020)第 148843 号

BIM 应用教程：Revit Architecture 2016(第二版)
BIM Yingyong Jiaocheng：Revit Architecture 2016(Di-er Ban)
　　　　　　　　　　　　　　　　　　　　　　　　　　　　高　华　施秀凤　主编

策划编辑：金　紫
责任编辑：金　紫
封面设计：原色设计
责任校对：李　琴
责任监印：朱　玢
出版发行：华中科技大学出版社(中国·武汉)　　　电话：(027)81321913
　　　　　武汉市东湖新技术开发区华工科技园　　　邮编：430223
录　　排：华中科技大学惠友文印中心
印　　刷：武汉市洪林印务有限公司
开　　本：787mm×1092mm　1/16
印　　张：14
字　　数：367 千字
版　　次：2025 年 2 月第 2 版第 11 次印刷
定　　价：69.90 元

第二版前言

建筑信息模型(Build Information Model，BIM)，理念首次提出之后，这一引领建筑行业信息技术变革的风潮便在全球范围内席卷开来。随着建筑技术、信息化水平和互联网＋技术的快速发展与提高，人们对可持续性建筑的不断深入研究，国内外 BIM 技术应用已日趋成熟。"十一五"国家科技支撑计划重点项目就把 BIM 技术列为建筑业信息化核心关键技术。《2011—2015 年建筑业信息化发展纲要》的总体目标明确提出，"十二五"期间加快建筑信息模型(BIM)、基于网络的协同工作等新技术在工程中的应用，在《2016—2020 年建筑业信息化发展纲要》中，BIM 作为核心关键词贯穿全文，其中 28 处提及 BIM。"十三五"期间我国继续加大信息化推广力度，应用 BIM 技术的新开工项目数量不断增加。当前，BIM 技术已深入工程建设行业的参与各方和各个实施阶段中。

高职院校 BIM 技术人才的培养旨在使学生通过建筑专业知识理解 BIM 理念，利用BIM 软件操作实现 BIM 技术的应用。本书基于 BIM 主流软件 Revit Architecture 进行建模，完成"教工之家"项目建模，并穿插历年建模员考试真题，巩固学习各知识点，力求保持精简扼要、通俗易懂、实用性强的编写风格，帮助读者更快捷、有效地掌握 Revit Architecture应用。本书写作特点如下。

一、以实际项目为导向，贯穿所有章节

本书基于真实"教工之家"项目，按照 BIM 项目建模流程完成教工之家模型的创建，知识点由浅入深，帮助初学者掌握重点和难点。

二、配套学习资源丰富

本书附带学习资料，全书项目图纸、样板文件、族文件以及各章节过程文件等，可通过扫描教材二维码下载；配套项目全部子任务微课视频可通过扫描每章节对应的二维码观看学习。

三、图文并茂、逻辑严密

为了使软件命令更加容易理解，软件操作过程更加轻松简单，本书为每个操作要点均配了图片，使每个命令的操作过程一目了然，大大减少了因文字描述带来的操作不明确的问题。

四、立足建模员考试、针对性强

本书编者剖析历年考试真题，将真题编入课后作业，针对性录制真题微课视频，给 BIM学习者提供了有价值的复习资料。

本书共有 14 章，主要内容如下：第 1 章 Revit Architecture 概述，第 2 章标高与轴网的创建，第 3 章墙体的创建，第 4 章柱的创建，第 5 章门窗的创建，第 6 章楼板、天花板的创建，第 7 章屋顶的创建，第 8 章楼梯、扶手、坡道和洞口的创建，第 9 章放置构件模型，第 10章场地与场地构件，第 11 章渲染与漫游，第 12 章图形注释，第 13 章 Revit 统计，第 14 章族与体量。

本书由广州城建职业学院高华、施秀凤老师任主编，编写工作具体分工如下：高华编写第 3～9 章，施秀凤编写第 1～2、10～14 章以及项目图纸及附录。

本书在编写过程中，参考了大量的文献资料，并采纳了诸多 BIM 技术从业人员的宝贵意见。自本书第一版 2017 年首次印刷出版之后，收到了很多读者的反馈意见，在此向所有

人员一并表示衷心的感谢。此次再版更正了书中的少数细节，增加了项目图纸的详图，完善了学习资料中的一些族文件，录制了全课微课视频并形成二维码匹配至每一章节，旨在方便大家自主学习。BIM 技术不断发展，编者深知学无止步，自感水平有限，书中难免存在不妥之处，衷心欢迎广大读者批评指正。

编者

2020 年 4 月

目　　录

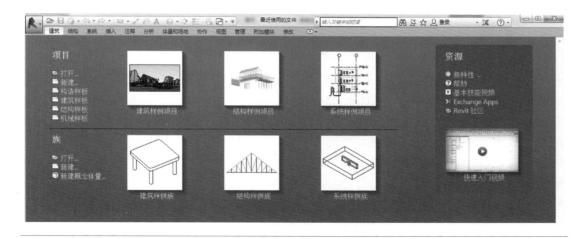

第 1 章　Revit Architecture 概述

教学目标

通过本章的学习，了解 BIM 的概念、特点及发展历程，熟悉 Revit Architecture 软件界面、文件类型、视图控制工具和快捷键的使用，掌握软件的启动、项目的创建等基础操作。

教学要求

能 力 目 标	知 识 目 标	权　重
了解 BIM	(1)了解 BIM 的概念； (2)了解 BIM 特点及发展历程	10%
熟悉 Revit Architecture 软件	(1)熟悉 Revit Architecture 软件界面； (2)熟悉 Revit Architecture 文件类型； (3)能通过视图控制工具对给定的项目进行查阅； (4)能查看相关的快捷方式，并对相关的命令设置快捷方式	35%
掌握 Revit Architecture 软件基本操作步骤和方法	(1)掌握 Revit Architecture 软件启动方法； (2)掌握 Revit Architecture 软件项目的新建、保存方法	55%

1.1 BIM 介绍

建筑信息模型(Building Information Model,BIM)是以建筑工程项目的各项相关信息数据作为模型的基础,进行建筑模型的建立,可以为设计、施工和运营提供相协调的、内部保持一致的并可进行运算的信息。BIM 技术的引入实现了从二维设计到三维全寿命周期的变革,把项目主要参与方在设计阶段就结合在一起,着眼于全寿命周期,利用 BIM 技术进行虚拟设计、建造、维护及管理。BIM 技术具有可视化、协调性、模拟性、优化性和可出图性等特点。

1.1.1 BIM 的特点

1. 可视化:所见即所得。在 BIM 中,由于整个过程都是可视化的,所以可以用作效果图的展示及报表的生成,并且项目设计、建造、运营过程中的沟通、讨论、决策都在可视化的状态下进行。模拟三维的立体实物可使项目在设计、建造、运营等整个建设过程可视化,方便沟通、讨论与决策。

2. 协调性:协调各专业项目信息,避免出现"不兼容"现象,如管道与结构冲突,各个房间出现冷热不均,应预留的洞口未预留或尺寸不对等。使用有效的 BIM 协调流程进行协调、综合,尽量避免方案出现问题或方案变更。基于 BIM 技术的三维设计软件在项目紧张的管线综合设计周期里,能提供与各系统专业有效沟通的平台,更好地满足工程需求,提高设计品质。

3. 模拟性:利用四维施工模拟相关软件,根据施工组织安排进度计划,在已经搭建好的模型的基础上加上时间维度,分专业制作可视化进度计划,即四维施工模拟。一方面,可以知道现场施工情况;另一方面,为建设、管理单位提供非常直观的可视化进度控制管理依据。四维模拟可以使建筑的建造顺序清晰、工程量明确,把 BIM 模型跟工期联系起来,直观地体现施工的界面、顺序,从而使各专业施工之间的施工协调变得清晰明了,通过四维施工模拟与施工组织方案的结合,能够使设备材料进场、劳动力分配、机械排班等各项工作的安排变得最为有效、经济。

在施工过程中,还可将 BIM 技术与数码设备相结合,以数字化的监控模式,更有效地管理施工现场,监控施工质量,使工程项目的远程管理成为可能,项目各参与方的负责人能在第一时间了解现场的实际情况。

4. 优化性:现代建筑的复杂程度大多超过参与人员本身的能力极限,BIM 技术及与其配套的各种优化工具使复杂项目的优化成为可能。

5. 可出图性:建筑设计图+经过碰撞检查和设计修改=综合施工图,如综合管线图,综合结构留洞图,碰撞检测和方案改进等使用的施工图纸。

6. 造价精确性:利用 Revit、Takla、MagiCAD 等已经搭建完成的模型,可直接统计生成主要材料的工程量,辅助工程管理和工程造价的概预算,有效地提高工作效率。BIM 技术的运用可以提高施工预算的准确性,对预制加工提供支持,有效地提高设备参数的准确性和施工协调管理水平。充分利用 BIM 的共享平台,可以真正实现信息互动和高效管理。

7. 造价可控性:通过 BIM 技术可以非常准确地深化钢筋、现浇混凝土设计。并且所有深化、优化后的图纸都可以从 BIM 模型中自动生成。

BIM 技术的可视、可靠、精确、可控等特点,使得工程设计建造过程透明化,有利于建造出高品质、高效益的精品工程。

BIM 技术能够应用于工程项目规划、勘察、设计、施工造价、运营维护等各阶段,实现建筑全生命期各参与方在同一多维建筑信息模型基础上的数据共享,为产业链贯通、工业化建造和繁荣建筑创作提供技术保障。BIM 技术的应用必将极大地促进建筑领域生产方式的变革。

1.1.2　BIM 的发展历程

BIM 是从美国发展起来的,后来逐渐被扩展到世界各国。目前 BIM 在这些地区的发展势头和应用水平都达到了一定的程度。2010 年,中国房地产业协会商业地产专业委员会率先组织研究并发布了《中国商业地产 BIM 应用研究报告》,用于指导和跟踪商业地产领域 BIM 技术的应用和发展。“十一五”期间,BIM 已经进入国家科技支撑计划重点项目。2015年 6 月,住房和城乡建设部印发《关于推进建筑信息模型应用的指导意见》,继续强调在建筑领域普及和深化 BIM 应用,并提出明确的发展目标:到 2020 年末,建筑行业甲级勘察、设计单位以及特级、一级房屋建筑工程施工企业应掌握并实现 BIM 与企业管理系统和其他信息技术的一体化集成应用。

到 2020 年末,以下新立项项目勘察设计、施工、运营维护中,集成应用 BIM 的项目比率达到 90%:以国有资金投资为主的大、中型建筑;申报绿色建筑的公共建筑和绿色生态示范小区。

随着国家和各地方政府的逐步推进,相关的 BIM 应用标准及规范的逐渐颁布,BIM 技术应用逐渐深入且必将为建筑行业带来一次重大的技术变革。

1.2　Revit Architecture 软件介绍

BIM 技术需要借助计算机软件来实现,目前能够实现 BIM 技术的工具主要有 Autodesk Revit 系列、Gehry Technologies 基于 Dassault Catia 的 Digital Project(简称 DP)、Bentley Architecture 系列、基于 Graphisoft 的 Archicad 等。本书用 Revit 2016 软件完成软件介绍及模型的绘制。Revit 2016 软件推荐安装在 64 位 Windows 7 或 Windows 8 操作系统中,以提高软件的运行速度和数据的处理能力。

在 Revit 软件中,Revit Architecture 主要针对广大建筑设计师,Revit MEP 面向机电工程师,Revit Structure 面向结构工程师。在该系列软件中,各专业软件可以相互读取各设计文件,形成完整、全面、协调的建筑信息模型。

1.2.1　Revit Architecture 的启动

单击桌面 Revit Architecture 快捷图标 或单击 Windows“开始”菜单→“所有程序”→“Autodesk”→“Revit Architecture”即可启动,该软件的启动方式同其他 Windows 应用程序一样。

启动完成后会显示如图 1-2-1 所示“最近使用的文件”界面,在该界面中 Revit Architecture 默认有上下两个模块,上部模块为项目相关内容,下部模块为族相关内容。其中上部模块从左至右依次为建筑样例项目、结构样例项目、系统样例项目的项目文件,下部

模块从左至右依次为建筑样例族、结构样例族和系统样例族的族文件。Revit Architecture 的右侧有资源功能，有新特性、帮助、基本技能视频、Exchange Apps、Revit 社区及快速入门视频。用户可以根据需要用鼠标单击要了解的内容。如单击"快速入门视频"，在网络连接的状态将打开介绍 Revit 的视频，用户可以根据需要观看，如图 1-2-2 所示。

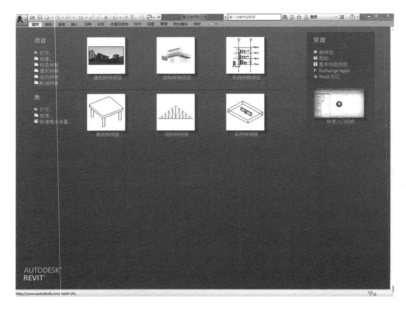

图 1-2-1

图 1-2-2

1.2.2　Revit Architecture 的界面介绍

启动 Revit Architecture 后，在"最近使用的文件"界面的"项目"文件中，打开"建筑样例项目"进入 Revit Architecture 的操作环境界面，如图 1-2-3 所示。自 Revit Architecture 2010 版开始采用 Ribbon(功能区)工作界面，使得操作更方便、快捷。下面将对界面中各功能区进行介绍。

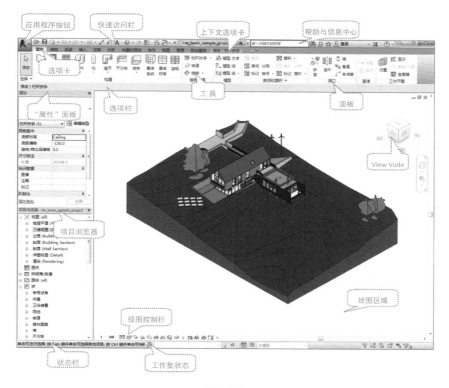

图 1-2-3

　　1. 应用程序按钮：应用程序按钮下包括"新建""打开""保存""另存为""导出""Suite 工作流""发布""打印""关闭"等内容，如图 1-2-4 所示。在此按钮下可以新建项目，新建族，保存、导出项目和打印项目等。"选项"对话框下包括"常规""用户界面""图形""文件位置"等，如图 1-2-5 所示。

图 1-2-4

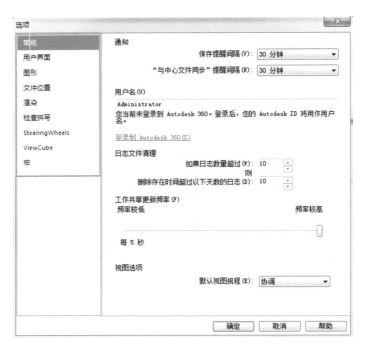

图 1-2-5

（1）【常规】：该选项可以对保存提醒间隔、日志文件清理、工作共享更新频率、默认视图规程等进行设置，如图 1-2-6 所示。

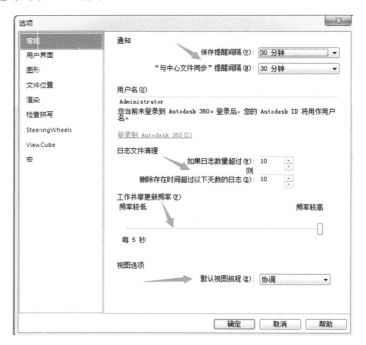

图 1-2-6

（2）【用户界面】：该选项里面可以对 Revit Architecture 是否显示建筑、结构或机电部分的工具选项卡进行选择，如图 1-2-7 所示。取消勾选"启动时启用'最近使用的文件'页面"，

退出 Revit Architecture 后再次进入，仅显示空白界面；若要显示最近使用的文件，重新勾选即可。

图 1-2-7

（3）【图形】：该选项中常用的功能是修改背景颜色，Revit Architecture 2016 可以根据自己的喜好调整背景颜色即绘图区域的颜色，如图 1-2-8 所示。

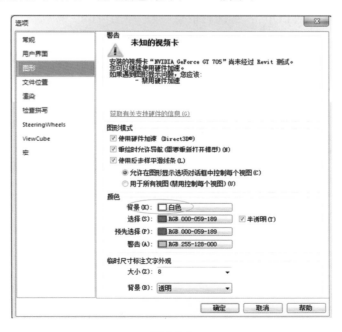

图 1-2-8

（4）【文件位置】：该选项中会显示最近使用过的样板，也可以单击 ➕ 按钮增加新的样板。同时，也可以设置默认的样板文件、用户文件默认路径及族样板文件默认路径，如图1-2-9所示。

图 1-2-9

2.帮助与信息中心：Revit Architecture 提供了非常完整的帮助文件系统，方便用户在遇到困难时使用和查阅。可以单击"帮助与信息中心"中的"Help"按钮或键盘的 F1 键，打开帮助文件查阅。

3.选项卡：用鼠标单击选项卡的名称，可以在各个选项卡中进行切换，如"建筑""结构"等。每个选项卡中都包括一个或多个由各种工具组成的面板，每个面板都会在下方显示该面板的名称，如图 1-2-10 所示。如"建筑"选项卡由"构建""楼梯坡道"等面板组成，"构建"面板又由"墙""门""窗"和"构件"等具体的工具组成。用户可以在不同的选项卡和面板及工具栏中切换，熟悉各选项卡及面板、工具。

图 1-2-10

♡提示：鼠标停留在任意工具栏的图标上，Revit Architecture 会弹出该工具的名称及相关的操作说明，鼠标继续停留在该工具处，对于复杂的工具，还将以动画演示进行说明，方便用户更直观地理解该工具的操作。

4.选项栏：提示所选中或编辑的对象，并对当前选中的对象提供选项进行编辑，如图

1-2-11所示。

图 1-2-11

5.上下文选项卡：当在 Revit Architecture 中激活某些工具或选中图元的时候，该选项卡中将显示 Revit Architecture 中相关的编辑、修改工具。如选择轴网时软件将会自动切换至"修改|轴网"，如图 1-2-12 所示，表示此时可以对轴网进行进一步编辑和修改。

图 1-2-12

6.属性面板：【属性】面板主要有"实例属性""类型属性"两类。"实例属性"指的是单个图元的属性，如图 1-2-13 所示，选择某已绘制的墙体，在属性面板中就会显示该墙体的限制条件、结构、尺寸标注等信息，若修改"底部偏移"为"－600"，则该墙体的底部标高会向下移动 600 mm；"类型属性"指的是一类图元的属性，如图 1-2-14 所示，点击【编辑类型】，在弹出"类型属性"对话框中修改任意信息，则该类型的墙体的信息均被修改。属性面板是常用工具，绘图要保持开启状态，以方便随时查看绘制构件的相关属性。

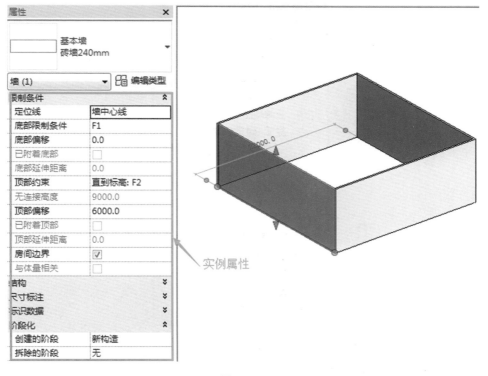

图 1-2-13

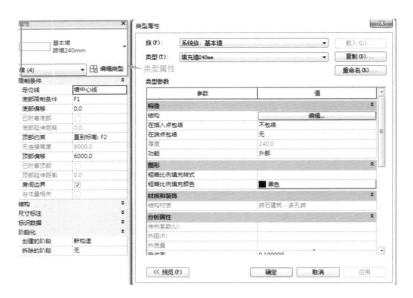

图 1-2-14

7. 项目浏览器：项目浏览器是 Revit Architecture 中常用的工具之一，绘图时处于开启状态。项目浏览器包括当前项目所有信息，包括项目中所有视图、明细表、图纸、族、组、链接的 Revit 模型等项目资源。项目浏览器结构呈树状，各层级可以展开和折叠，如图 1-2-15 所示。项目浏览器的功能非常多，下面逐一介绍。

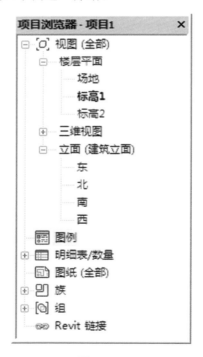

图 1-2-15

(1)切换不同视图。项目浏览器中包含项目的全部视图，如楼层平面、三维视图、立面等。鼠标双击不同的视图名称，可以在不同的视图之间进行切换。

❤提示：在 Revit Architecture 中每次切换不同视图，都会在新的窗口新建对应的视图，如果切换视图的次数很多，过多的视图窗口可能会占用计算机较多内存。在操作时应及时关闭不需要的窗口，可按下述方法关闭不活动的窗口。点击【视图】选项卡→【窗口】面板→【关闭隐藏对象】工具，可以一次性关闭所有隐藏对象，仅保留当前活动视图。

（2）可以自定义视图或图纸明细表等显示方式。点击【视图】选项卡→【窗口】面板→【用户界面】工具→"浏览器组织"，读者可以根据需要建立一个新的样式的项目浏览器。

（3）搜索功能。鼠标右键单击【项目浏览器】中的【视图（全部）】→"搜索"，在弹出对话框中输入要搜索的内容，可快速、准确地找到要搜索的内容。如图 1-2-16 所示。

图 1-2-16

（4）新建和删除。在 Revit Architecture 中用户可以根据项目需要新建明细表或图纸。鼠标右键单击【项目浏览器】中的【明细表/数量】可新建明细表。项目中所有新建的族类型都可以在项目浏览器中的族中找到并删除，例如，新建"教工之家墙体"后想删除这个族类型，可以在【项目浏览器】→【族】→【墙】→【基本墙】下找到自定义的"教工之家墙体"，右键选中即可删除。

❤提示："属性"面板和"项目浏览器"等若关闭后，可以在绘图区域右键点击属性或浏览器，或点击【视图】选项卡→【窗口】面板→【用户界面】工具调出来。

8.绘图区域：Revit Architecture 设计的主要工作界面，显示项目浏览器中所涉及的视图、图纸、明细表等相关具体内容。

9.视图控制栏：主要功能为控制当前视图显示样式，包括视图比例、详细程度、视觉样式、日光路径、阴影设置等工具，如图 1-2-17 所示。下面介绍视觉样式，在 Revit Architecture 中提供了线框、隐藏线、着色、一致的颜色、真实和光线追踪六种视觉样式，其显示效果逐渐增强，但对计算机内存的占用也越来越大，用户可以根据实际需要选择不同的视觉样式。

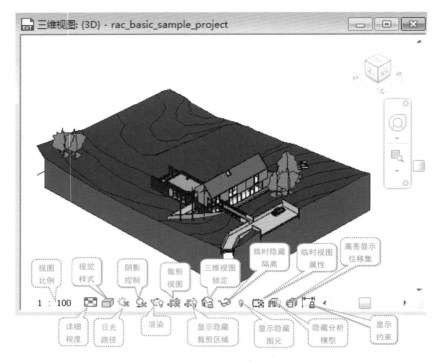

图 1-2-17

10. 状态栏：用于显示和修改当前命令操作或功能所处状态。状态栏主要包括当前操作状态、工作集状态栏、设计选项栏状态、选择基线图元等。

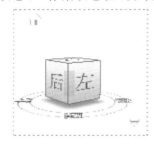

图 1-2-18

11. View Cube：该工具默认位于三维视图中的右上角，如图 1-2-18 所示，该工具可方便地将三维视图定位至各轴测图、顶部视图、前视图等常用的三维视点。View Cube 立方体的各顶点、边、面（上、下、前、后、左、右）和指南针（东、南、西、北）的指示方向，代表三维视图中的不同视点方向，单击立方体的各个部位，可使项目的三维视图在各方向视图中切换。用户可以打开 Revit Architecture 自带的"建筑样例项目"项目文件，切换至三维视图，练习使用 View Cube 工具。

小技巧：在三维视图下同时按鼠标滚轮和键盘的 Shift 键也可以进行不同方向视图的切换。

在 Revit Architecture，Ribbon 功能区域有 3 种显示模式，最小化为选项卡、最小化为面板标题和最小化为面板按钮。单击选项卡后的选项板状态切换按钮 ，可以在各种状态中进行切换。

Revit Architecture 软件的属性栏和项目浏览器位置的调整。软件默认的情况下，属性面板和项目浏览器显示在 Revit Architecture 界面的左侧，如图 1-2-19 所示。一般绘图时可以将属性面板和项目浏览器分别置于软件界面的左、右侧。操作方法如下：鼠标按住【项目浏览器】面板的标题栏不放，拖动【项目浏览器】面板靠近屏幕边界时，面板会自动吸附于边界位置，如图 1-2-20 所示。用户可根据自己的绘图习惯移动项目浏览器和属性栏的位置。

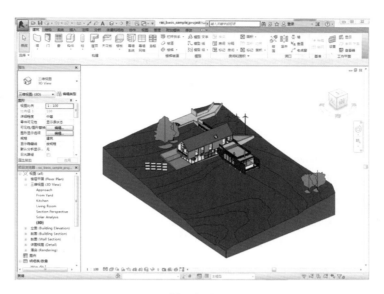

图 1-2-19

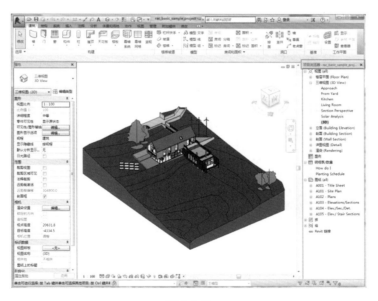

图 1-2-20

1.2.3　Revit Architecture 文件类型

在 Revit Architecture 中,常用的文件格式有以下几种。

1．".rvt"项目文件:在 Revit Architecture 中,所有的设计模型、视图及信息都被存在项目文件中。项目文件包括设计所需要的建筑三维模型、平面图、立面图、剖面图及节点视图等。

2．".rte"样板文件:在 Revit Architecture 中,样板文件功能相当于 AutoCAD 中的".dwt"文件。样板文件中含有一定的初始参数,如构建族类型、楼层数量的设置、层高信息等。用户可以自建样板文件并保存为新的".rte"文件。

3.".rfa"族文件：在 Revit Architecture 中，基本的图形单元被称为图元，例如，在项目中建立的墙、门、窗、文字等都被称为图元，所有这些图元都是使用"族"来创建的。"族"是 Revit Architecture 的设计基础。

4.".rft"族样板文件：在 Revit Architecture 中，族样板文件相当于样板文件，文件中包含一定的族、族参数及族类型等初始参数。

1.2.4 Revit Architecture 创建及保存新项目

在用 Revit Architecture 做设计的时候，基本的设计流程是选择项目样板，创建空白项目，确定标高轴网，创建墙体、门窗、楼板、屋顶，创建场地、地坪及其他构件。下面介绍如何创建一个新的项目。

1. 新建项目：单击【应用程序】，在弹出的对话框中选择"新建""项目"，根据项目所需选择适合的样板，如图 1-2-21 所示。如建筑设计可以选择"建筑样板"，完成新项目的创建。本书中贯串的项目是"教工之家"模型的创建，并提供了"教工之家项目样板"。创建"教工之家"项目文件，结合上述步骤，在选择样板文件时点击【浏览】，选择"教工之家-项目样板"，确认是新建项目，单击"确定"完成"教工之家"新项目的创建，如图 1-2-22 所示。

图 1-2-21

图 1-2-22

　　2.保存项目:完成项目创建后单击快速访问栏中的"保存"按钮,选择保存路径,确认文件名称及文件类型(为".rvt"),单击"保存"完成项目的保存,如图 1-2-23 所示。

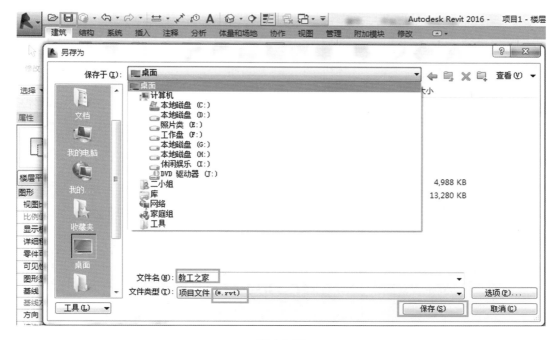

图 1-2-23

1.2.5　快捷键的使用

　　在 Revit Architecture 的操作中,绘图或编辑图元时除可以单击工具执行命令外,还可以通过点击快捷键的方式执行相应命令。Revit Architecture 中的快捷键都由两个字母组成,可以利用软件提供的快捷键,也可以根据需要自行定义快捷键。以"镜像"命令为例,该命令的快捷键是 MM,鼠标移至某个工具上稍作停留就会显示出该工具的快捷键,如图1-2-24所示。自定义快捷键,如为"默认三维视图"设置快捷键,快捷键可以是英文字母或数字,单击【视图】选项卡→【窗口】面板→【用户界面】工具下拉选项→【快捷键】,在弹出的对话框中搜索"默认三维视图",在"按新键"中输入"11",点击"指定",如图 1-2-25 所示,即可完成"默认三维视图"快捷键的设置。可回到平面视图,然后输入"11"即可切换至三维视图。

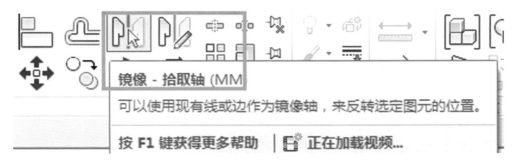

图 1-2-24

图 **1-2-25**

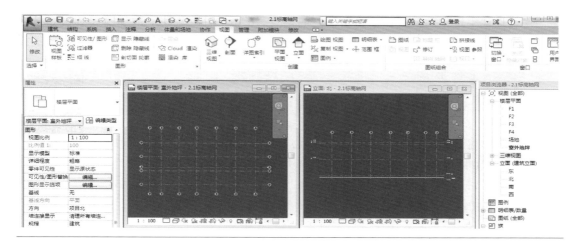

第 2 章　创建标高与轴网

🔑教学目标

通过本章的学习,了解标高与轴网族类型的选择、创建和类型参数的设置,熟悉轴网与标高绘制的方法,掌握标高与轴网的创建和编辑。

🔑教学要求

能　力　目　标	知　识　目　标	权　　重
标高与轴网族类型确定	标高与轴网族类型的选择、类型参数的设置	20%
熟悉标高与轴网绘制的方法	(1)熟悉标高绘制的方法; (2)熟悉轴网绘制的方法	40%
掌握标高与轴网的创建和编辑	(1)能完成"教工之家"标高的创建和编辑; (2)能完成"教工之家"轴网的创建和编辑	40%

　　建筑设计中定位的依据是标高和轴网的信息，Revit Architecture 的项目设计也是从标高和轴网开始的。标高和轴网是在 Revit 平台上实现建筑、结构、基点全专业间三维系统设计的工作基础与前提条件。

2.1　创建标高

创建标高

　　标高表示建筑物各部分的高度，是建筑物某一部位相对于基准面（标高的零点）的竖向高度，是竖向定位的依据。这里所创建的标高高度通常指的是所建项目的层高，标高的单位为 m。

2.1.1　设置项目基本信息

　　启动 Revit Architecture"新建项目"，选择"建筑样板"单击"浏览"，选择教学文件第 2 章文件中的"教工之家项目样板"文件，如图 2-1-1 及图 2-1-2 所示，单击"打开"，再次单击"确定"按钮，Revit Architecture 将以"教工之家项目样板"为样板建立新项目。将该项目以"2.1标高轴网"为名称保存，在项目浏览器中双击"南立面图"切换至南立面视图。

图 2-1-1

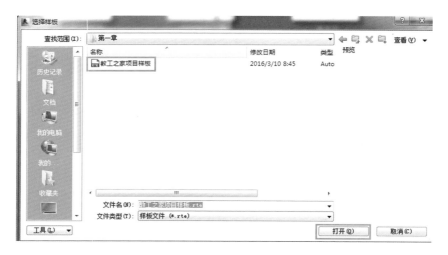

图 2-1-2

　　提示：标高的绘制需要在立面图上完成。

在正式绘制标高之前,先要确认项目单位,单击选项卡【管理】→面板【设置】→工具【项目单位】,在弹出的对话框中确认长度单位为 mm,面积单位为 m²,若单位与项目要求不一致可单击对应位置进行修改,如图 2-1-3 所示。

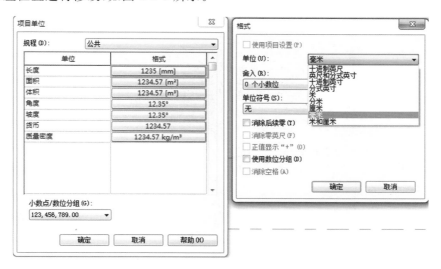

图 2-1-3

💚提示:项目文件中所包含的信息,来自于所选择的样板文件,比如本项目提供的样板文件的标高命名为标高 1、标高 2,有些样板文件命名为 F1、F2 等。

2.1.2　标高信息介绍

在南立面视图中可以看到,文件默认有两条标高信息,标高 1 和标高 2,且标高 1 与标高 2 之间的距离为 4 m,如图 2-1-4 所示。

图 2-1-4

下面我们来认识标高的信息,如图 2-1-5 所示。

标高端点:又称端点拖拽点,拖动该圆圈可以对标高线的长度进行修改。

标高值:对应的是楼层的具体层高,单位为 m。

标高名称:指的是楼层名称,具体可为标高 1、标高 2 或 F1、F2 等。

添加弯头:点击此符号可以对标高线端头位置进行移动。

对齐锁定:锁定对齐约束线,可以将各条轴线一起锁定,打开此锁可以取消与其他轴线间的锁定关系。

对齐约束线:用于绘制轴线时与已经绘制的轴线端点起点一致,在对齐锁定的时候按住

标高端点空心圆圈不松，左右滑动鼠标，可以看到对齐约束线上的所有标高都随着拖动；若只想拖动某一条标高线的长度，解锁对齐约束，然后再进行拖动即可。

隐藏符号：勾选框若不勾选，则隐藏该端点符号。可以对以上介绍的标高的相关信息进行手动设置，进行练习。

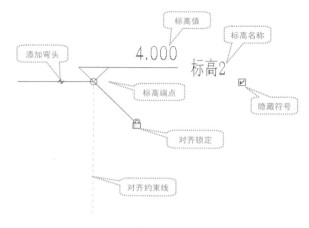

图 2-1-5

2.1.3 绘制标高

1.先修改默认的两条标高线的标高名称及标高值。首先修改标高名称。方法 1：双击绘图区域"标高 1"，将文字修改为"F1"，后弹出"是否希望重命名相应视图"，点击"是"，完成标高 1 名称的修改，如图 2-1-6 所示。方法 2：单击需要修改的标高图元，将其"属性"面板下的"标识数据"栏的"名称"修改为"F1"，后续同方法 1。方法 3：右键点击"项目浏览器"中的"楼层平面"下的"标高 1"，将其重命名为"F1"，后续同方法 1。同样方法将"标高 2"修改为

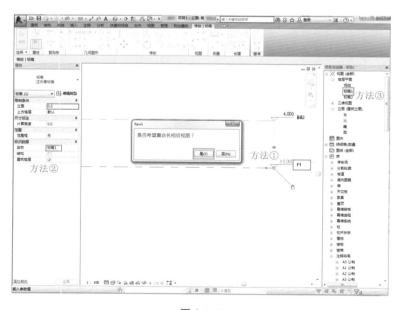

图 2-1-6

"F2"。修改标高值如图 2-1-7 所示，将"4"修改为"4.5"，注意此处单位为 m。

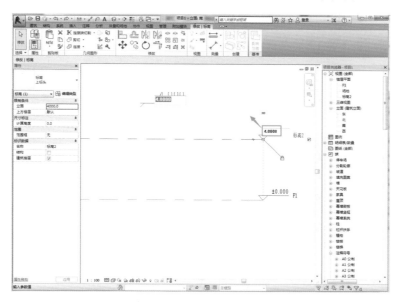

图 2-1-7

2. 继续完成其余标高的绘制。Revit Architecture 提供了很多绘制标高的方式，比如直接绘制或利用"修改"选项卡下的复制、阵列等工具均可以完成标高的绘制。首先介绍直接绘制的方式，单击【建筑】选项卡→【基准】面板→【标高】工具，进入放置标高模式，如图 2-1-8 所示，Revit Architecture 自动切换至"修改|放置标高"选项卡，确认绘制方式为"直线"。确认选项栏中已勾选"创建平面视图"选项，设置偏移量为"0.0"，如图 2-1-9 所示。

图 2-1-8

图 2-1-9

3. 进行 F3 标高线的绘制。在南立面视图中，在 F2 标高线的上方左右移动鼠标直到看到"对齐约束线"，上下拖动鼠标可以看到临时尺寸数值不断变化，直到看到数值变为"4500.0"（注意此时单位为 mm）时单击鼠标左键，如图 2-1-10 所示，然后水平拖动鼠标至右侧直至看到另外一端"对齐约束线"，完成 F3 标高线的绘制，Revit Architecture 自动命名该标高线为 F3，F2 和 F3 之间的距离可以在绘制时确定，也可以在绘制完成后进行修改，可以根据习惯选择何时修改标高线之间的距离。

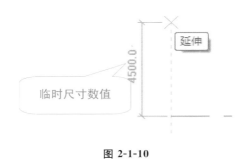

图 2-1-10

4.继续绘制 F4 标高线。在 F3 上方 500 mm 处绘制 F4 标高线，在 F1 标高线下 600 mm 处绘制 F5 标高线，按键盘上的 Esc 键退出标高绘制状态。完成效果如图 2-1-11 所示。上述 是直接绘制标高的方法，其他如用阵列、复制等方法绘制标高，在绘制轴网时会进一步讲解 （轴网的绘制方法同标高）。

图 2-1-11

💚提示：①名称继承性：Revit Architecture 标高线的名称有继承性，如前一条标高 线名称为 F1，再绘制的标高线的名称即为 F2，以此类推。标高和轴网都具有名称继承性， 在 Revit Architecture 中不允许出现重复的名称。

②临时尺寸标注：选择标高线时会出现蓝色显示的与相邻图元之间距离的标注，称为 临时尺寸标注点，如图 2-1-12 所示，实际使用时可以根据需要拖动临时尺寸标注点调整临 时尺寸界限。

图 2-1-12

2.2　编辑修改标高

绘制标高后,根据项目需要可以对标高线颜色或名称显示方式进行修改。

2.2.1　通过类型属性编辑修改标高

在"类型属性"中修改标高信息:标高线绘制完成后,可根据项目需要编辑标高线的颜色、标高名称及符号类型等。鼠标单击任意一条标高线,进入标高线【属性】编辑面板,如图2-2-1所示,选择【编辑类型】,在"类型属性"对话框中(如图 2-2-2 所示),可以看到,"类型"下有"上标头""下标头""正负零标高",表示的是标高值前的符号的类型,可以根据项目实际选择类型;"颜色"表示标高线显示的颜色,点击此处将标高线颜色修改为红色;"端点1处的默认符号"及"端点 2 处的默认符号"表示标高名称是否显示,若在两处均打"√"则在标高线两端均显示标高名称,本项目需要两端显示标高名称,所以操作者需在"端点 1 处的默认符号"后面的框内打"√"完成上述设置,点击"确定"按钮完成类型属性设置,可以看到此时标高线的变化情况。

图 2-2-1

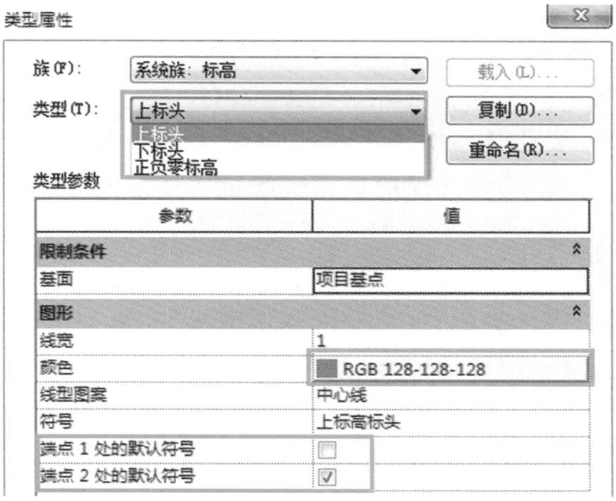

图 2-2-2

2.2.2 通过选择标高线编辑修改标高

继续修改标高,修改 F5 标高。单击 F5 标高名称将其修改为"室外地坪",选中室外地坪标高线,在【属性】面板处选择"下标头",点击"添加弯头"并拖动夹点将标高线端部移动到合适位置,最终完成的标高样式如图 2-2-3 所示,可对照下自己完成的标高,如有不符之处请参照图 2-2-4 进行修改。完成标高的绘制,切换至其他立面视图会发现 Revit Architecture 在"西""北""东"立面视图上均已生成标高线。

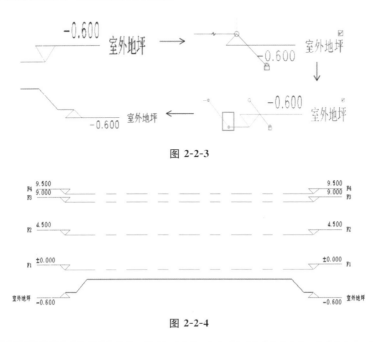

图 2-2-3

图 2-2-4

💛提示:①标高标头的样式是由样板文件所决定的。
②通过选择标高线,修改标高信息,如清除或选择"隐藏符号"仅影响当前视图。

2.3 创建轴网

创建轴网

轴线是确定建筑物主要结构构件位置及其标志尺寸的基准线,同时是施工放线的依据,分为横向定位轴线和纵向定位轴线,纵、横定位轴线组成轴网。

2.3.1 直接绘制轴网

轴网的绘制需在平面图中完成,将项目文件切换至 F1 平面图,在选项卡中选择【建筑】,在【基准】面板中选择工具【轴网】,如图 2-3-1 所示。在"修改|放置轴网"选项卡中提供了直接绘制(直线、弧形)和拾取绘制轴网两种方式,如图 2-3-2 所示。本章介绍用直接绘制方式绘制轴网,绘制前确认轴网的族类型为"轴网 6.5 mm 编号",在绘图区域内移动鼠标指针至区域左下角空白处单击作为轴线起点,向上移动鼠标指针,Revit Architecture 将在指针与起点之间显示轴线预览,并给出当前轴线方向与水平方向的临时尺寸角度标注。当绘制的轴

线沿垂直方向延伸时,Revit Architecture 会自动捕捉垂直方向,并给出垂直捕捉参考线。沿垂直方向移动鼠标指针至左上角位置时,单击鼠标左键,完成第一条轴线的绘制,并自动将该轴线编号为"1",如图 2-3-3 所示。

图 2-3-1

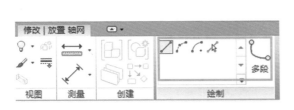

图 2-3-2

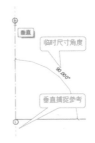

图 2-3-3

♡ 提示:在 Revit Architecture 软件的平面图中默认有东、南、西、北四个立面图标 ⊙,对应的是东、南、西、北四个方向的立面视图,在绘制轴网时,需将轴网绘制在立面图标范围之内。

✧ 小技巧:绘制标高或轴线时,确定起点后按住 Shift 键不放,Revit Architecture 将进入正交绘制模式,可以约束在水平或垂直方向绘制。

确认 Revit Architecture 仍处于放置轴线状态,移动鼠标指针至 1 号轴线起点右侧任意位置,Revit Architecture 将自动捕捉该轴线的起点,给出端点对齐捕捉参考线,并在指针与 1 号轴线之间显示临时尺寸标注,指示指针与 1 号轴线的间距。输入 3000 并按 Enter 键确认,将在距 1 号轴线右侧 3000 mm 处确定第二条轴线起点。沿垂直方向向上移动鼠标,直到捕捉至 1 号轴线另一侧端点时单击鼠标左键,完成第二条轴线的绘制。该轴线将自动编号为"2",按 Esc 键 2 次退出放置轴线命令。

2.3.2　利用阵列或复制方式绘制轴网

绘制轴线除采用上面介绍的直接绘制方法外,还可以用【修改】选项卡下的复制、阵列等命令完成轴网的快速绘制。选择 2 号轴线,自动切换至"修改 | 轴网"上下文选项卡,选择【阵列】工具进入阵列修改状态,如图 2-3-4 所示,设置选项栏中的阵列方式为"线性",取消勾选"成组并关联"选项,设置项目数为 3,移动到"第二个",勾选"约束"选项。单击 2 号轴线任意一点作为阵列基点,向右移动鼠标指针至与基点之间出现临时尺寸标注。直接通过键盘输入"4500"作为阵列间距并按键盘 Enter 键确认,Revit Architecture 将向右阵列生成轴网,并以数值累加的方式为轴网编号,继续使用阵列命令生成其余轴线。

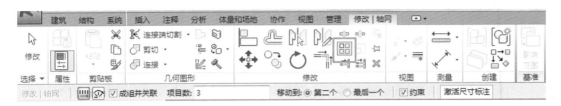

图 2-3-4

> ♥提示:使用"阵列"命令时输入的项目数包含图元本身。选项栏中的"第二个"和"最后一个"的区别:若选择"第二个",输入的距离为阵列图元两两之间的距离;若选择"最后一个",则表示阵列的第一个图元和最后一个图元之间的总距离。上述阵列 2 号轴线时,若选择"第二个",在阵列时输入"4500"表示 2、3 号轴线及 3、4 号轴线之间距离为4500,若选择"最后一个",在阵列时输入"4500"表示 2 与 4 号轴线之间距离为 4500,2、3及 3、4 号轴线间的距离为 2250。在使用阵列命令时可以根据实际需要选择。勾选"约束"的含义是约束在水平或垂直方向上阵列生成图元。

2.3.3 绘制水平轴网

1.继续点击【建筑】→【轴网】。按图 2-3-5 所示位置沿水平方向绘制第一根水平轴网,Revit Architecture 将水平轴网编号默认为 8。选择 8 号轴网,单击轴网标头中的轴网编号,进入编号文本编辑状态,删除原有的编号值,使用键盘输入"A",该轴线编号将修改为 A。

图 2-3-5

2.确认 Revit Architecture 仍处于放置轴线状态。在 A 轴正上方 4000 mm 处,确保轴线端点与 A 轴线端点对齐,自左向右绘制水平轴线,Revit Architecture 自动将新绘制的轴线编号为 B,用同样的方法,完成 C、D 轴线的绘制。可以参考垂直轴线绘制时采用的阵列的方法,完成 B、1/B、C、D 轴线的绘制。切换至 F2、F3 等楼层,会发现已经生成与 F1 完全一致的轴网。

2.3.4 锁定轴网

完成轴网绘制后,为了避免接下来绘制其他图元时不小心删除或移动轴网,可将轴网进行锁定。在 F1 视图中,框选全部轴网,进入"修改│轴网"上下文选项卡中的【修改】面板,单击锁定图标 将所选中轴网锁定,如图 2-3-6 所示。锁定轴网后,将不能对轴网进行移动、删除等修改,但可以修改轴号名称及轴号位置等信息。若要删除或移动轴网必须将其解锁,选中轴网点击【修改】面板上的解锁图标 进行解锁,如图 2-3-7 所示。若要只解锁某条轴线,可选中轴线点击轴线上的锁定符号 即可切换至解锁 状态。

图 2-3-6

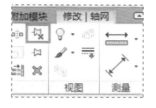

图 2-3-7

完成标高轴网绘制并锁定轴网后单击"保存"按钮，以"2.1 标高轴网"为文件名称保存该项目文件至电脑指定目录。

💗**提示：**关于 Revit Architecture 文件的保存，每次保存文件后，每隔一段时间可看到与文件名称一致但后面加".0001"或".0002"等的备份文件。可以自己设置备份文件的个数，具体操作办法如下，点击【另存为】→【选项】，设置"最大备份数"，如图 2-3-8 所示。

图 2-3-8

2.4　编辑修改轴网

轴网绘制完成后，可以根据项目需要对轴网的线型、轴网符号是否两端显示进行进一步编辑和修改。修改轴网轴号：创建好轴网之后，可以切换至立面视图，立面视图中也会出现对应的轴网。切换至南立面视图，此时轴网轴号的标注为一端标注，如果需要在轴网两端标注，可以点击轴网的隐藏符号，让另一端的标注显示出来，结果如图 2-4-1 所示。

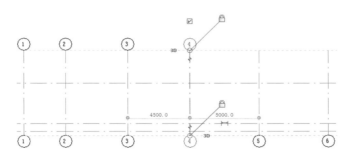

图 2-4-1

修改轴网轴线的颜色及线型。轴线的颜色、线型等属性的编辑，均在"类型属性"对话框中进行，可以根据实际项目的需要设置轴网的相关属性。可以参照标高属性设置方法，对绘制的轴网的相关属性进行设置，本项目中"轴网 6.5 mm 编号"的族类型是样板文件中提供的，是按照中国制图标准设置的。

2.5　参照平面

在 Revit Architecture 项目中，除了使用标高、轴网对项目进行定位之外，还提供了"参照平面"工具用于项目定位，参照平面的作用类似于平面制图中的辅助线。图中绿色的线即为参照平面，如图 2-5-1 所示，用于视图中的定位。在 Revit Architecture 中参照平面实际是有高度的平面，它不仅可以显示在当前视图中，还可以在垂直于参照平面的视图中显示参照平面的投影。

图 2-5-1

在【常用】选项卡的【工作平面】面板中，【参照平面】工具（快捷键为 RP）用于创建参照平面。参照平面的创建方式与标高、轴网的创建方式类似，不同的是，它可以在平面、立面、剖面各个视图中创建。灵活使用参照平面工具可以大大提高绘图效率。

> 小技巧：绘制参照平面的同时按住键盘 Shift 键，可以约束绘制方向为正交。

2.6　影响范围介绍

单击某条轴线时可以看到"3D"符号，当轴网处于 3D 状态时，轴网端点显示为空圈，当轴网处于 2D 状态时，轴网端头圆圈显示为实心，如图 2-6-1 所示。

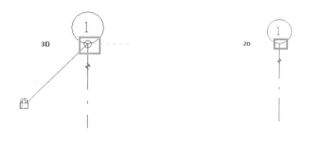

图 2-6-1

切换至 F1 楼层平面视图，选择 1 号轴线，确认下方轴头显示"3D"，单击对齐锁定标记，

使其变为解锁状态,按住并拖动 1 号轴线端点向下移动一段距离后松开鼠标,可修改 1 号轴线的长度而不影响其他轴线。切换至 F2 楼层平面视图,该视图中 1 号轴线长度同时被修改。切换至 F1 楼层平面视图,选择 A 轴线,单击左侧轴号,由"3D"变为"2D",同时拖动 A 轴线向左移一段距离后,A 轴线的长度随之修改。切换至 F2 楼层平面视图,F2 楼层中 A 轴线并没有变化。切换至 F1 楼层平面视图,选择 A 轴线,自动切换至"修改│轴网"上下文选项卡。单击【基准】面板中的【影响范围】工具按钮,弹出"影响基准范围"对话框,在视图列表中勾选"楼层平面标高 F2",单击"确定"按钮退出"影响基准范围"对话框。在此切换至 F2 楼层平面视图,轴线 A 此时被修改为与楼层 F1 平面视图相同的状态。

当轴网被切换为 2D 状态后,所做的修改将仅影响本视图。在 3D 状态下,所做的修改将影响所有平行视图。【影响范围】工具仅能将 2D 状态下的修改传递给与当前视图平行的视图,例如本例中的楼层 F1 平面和 F2 平面,该操作对标高对象同样有效。

2.7　真题练习

1. 根据图 2-7-1 中给定的尺寸绘制标高、轴网,某建筑共三层,首层地面标高为±0.000,层高 3 m,要求两侧标头都显示,将轴网颜色设置为红色(不需要尺寸标注),并将模型文件命名为"轴网"保存到指定文件夹中。(第四期第 1 题)

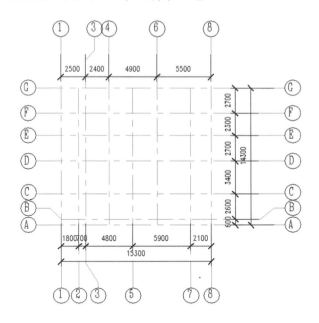

平面图 1∶200

图 2-7-1

2. 根据图 2-7-2、图 2-7-3 给定的标高和轴网创建项目样板,无需尺寸标注,标头和轴头显示方式以图示为准,请将模型文件命名为"标高轴网"保存到指定文件夹中。(第八期第 1 题)

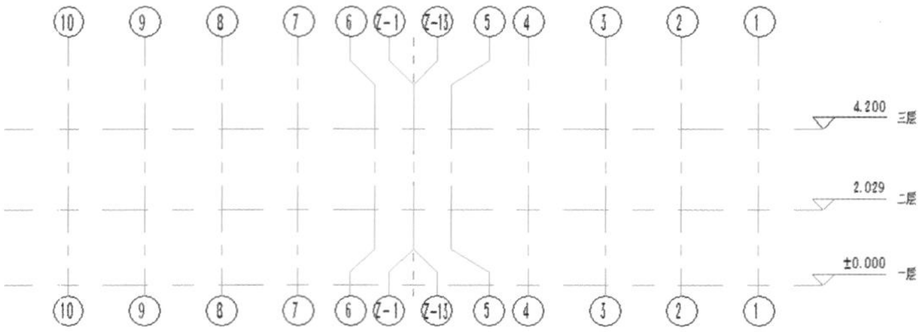

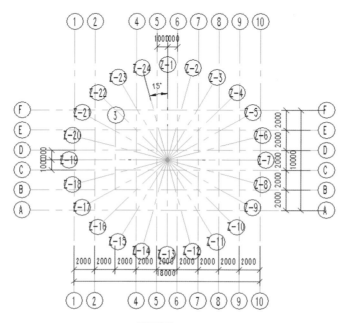

北立面图 1：100

图 2-7-2

平面图 1：100

图 2-7-3

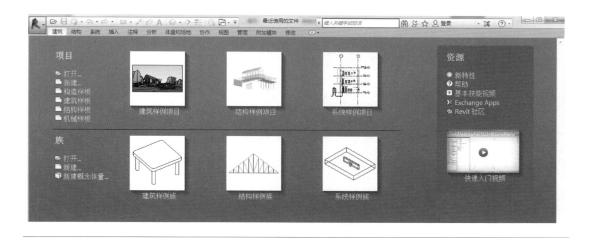

第 3 章 创建墙体

教学目标

通过本章的学习,了解墙体系统族、族类型,熟悉基本墙、幕墙和叠层墙创建的一般步骤,掌握基本墙、幕墙和叠层墙创建的方法。

教学要求

能 力 目 标	知 识 目 标	权 重
了解墙体的系统族和族类型	(1)了解墙体的系统族种类; (2)了解墙体系统族对应的族类型种类	10%
熟悉基本墙创建的步骤,掌握基本墙创建方法,完成"教工之家"外墙、内墙和女儿墙的创建,能创建墙饰条,能编辑复合墙	(1)能定义"教工之家"所有基本墙的属性; (2)能完成"教工之家"所有外墙、内墙和女儿墙的绘制; (3)能利用修改编辑功能,完成"教工之家"所有外墙、内墙和女儿墙的编辑,最终完成"教工之家"基本墙的创建; (4)掌握复合墙的编辑创建方法	50%
熟悉幕墙创建的步骤,掌握幕墙创建方法,完成幕墙的创建	(1)能定义幕墙的属性; (2)能完成幕墙的绘制、网格的划分、嵌板的替换、竖梃的添加和幕墙的编辑	20%
熟悉叠层墙创建的步骤,掌握叠层墙创建方法,完成叠层墙的创建	(1)能定义叠层墙的属性; (2)能完成叠层墙的绘制; (3)能完成专题所列叠层墙的创建	20%

在 Revit Architecture 里，墙的建模方法灵活多样，复杂多变，需要融会贯通，反复练习，才能真正掌握墙体的创建和编辑方法。Revit Architecture 里提供了基本墙、幕墙和叠层墙三种系统族，本章分别具体介绍基本墙和幕墙、叠层墙的创建方法。

3.1 创建基本墙

基本墙的建模，需要先在【属性】中定义好墙体的高度位置，再在"类型属性"对话框中定义好墙的类型，包括墙厚、做法、材质和功能等，再在对应视图上绘制和修改墙体。

3.1.1 创建 F1 外墙

3.1.1.1 定义 F1 外墙属性

1.打开上章绘制完成的"2.1 标高轴网"项目文件，点击图标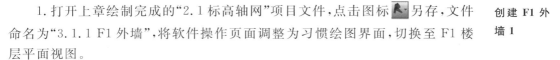另存，文件命名为"3.1.1 F1 外墙"，将软件操作页面调整为习惯绘图界面，切换至 F1 楼层平面视图。

创建 F1 外墙 1

2.单击【建筑】选项卡【构建】面板的【墙】工具下拉列表，在列表中选择"墙：建筑"工具，进入建筑墙体的"修改|放置墙"界面。

3.单击【属性】面板的【编辑类型】按钮，进入"类型属性"对话框。如图 3-1-1 所示，单击"族"下拉列表，注意当前列表中有 3 种族，设置当前族为"系统族：基本墙"，设置当前类型为"常规-180 mm"。单击"复制"按钮，在"名称"对话框中输入"教工之家-F1 外墙"后单击"确定"按钮，返回"类型属性"对话框。

图 3-1-1

♡提示：在 Revit Architecture 中，族名称、族类型名称、属性和类型属性均为建筑信息模型的"信息"，在创建 BIM 模型时，统一、规范的命名，便于后期 BIM 信息管理，更便于工程量的统计。

4.如图 3-1-2 所示，确认"类型属性"对话框墙的"类型参数"列表中的"功能"为"外部"，单击"结构"参数后的"编辑"按钮，进入"编辑部件"对话框。

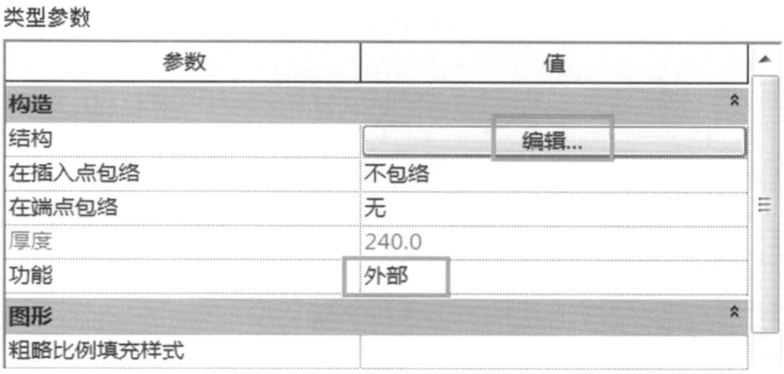

类型参数

参数	值
构造	
结构	编辑...
在插入点包络	不包络
在端点包络	无
厚度	240.0
功能	外部
图形	
粗略比例填充样式	

图 3-1-2

5. 按照图 3-1-3 所示,设置 F1 外墙材质。如图 3-1-4 所示,默认墙包括一个厚度为"180.0"的结构层,材质为"砌体-普通砖"。单击"编辑部件"对话框中的"插入"按钮一次,添加一个新层,新插入的层的默认功能为"结构[1]",厚度为"0.0",如图 3-1-4 所示。单击"向上"命令,向上移动该层直到该层编号为"1",即置于核心边界上层,修改该层的"厚度"为"10.0",单击修改该行"功能",在下拉列表中选择"面层 2[5]",如图 3-1-5 所示。

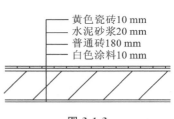

— 黄色瓷砖10 mm
— 水泥砂浆20 mm
— 普通砖180 mm
— 白色涂料10 mm

图 3-1-3

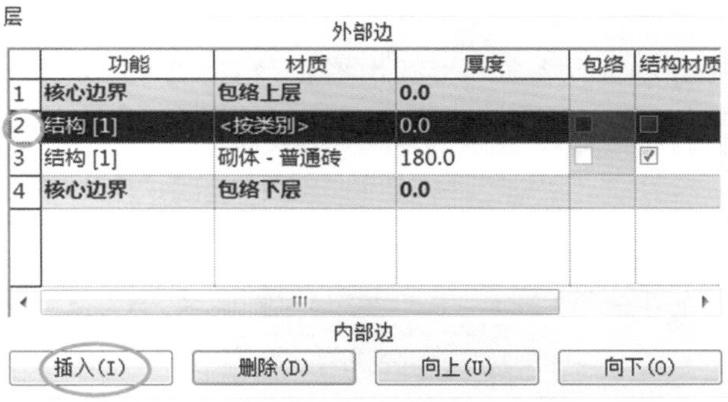

层

外部边

	功能	材质	厚度	包络	结构材质
1	**核心边界**	**包络上层**	0.0		
2	结构 [1]	<按类别>	0.0	☐	☐
3	结构 [1]	砌体 - 普通砖	180.0	☐	☑
4	**核心边界**	**包络下层**	0.0		

内部边

插入(I)　删除(D)　向上(U)　向下(O)

图 3-1-4

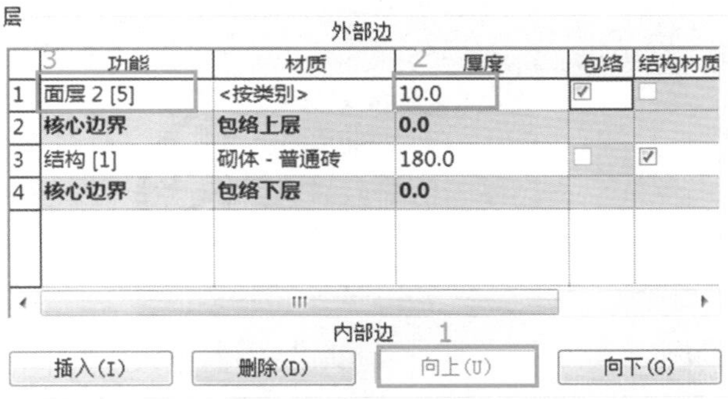

层

外部边

	功能	材质	厚度	包络	结构材质
1	面层 2 [5]	<按类别>	10.0	☑	☐
2	**核心边界**	**包络上层**	0.0		
3	结构 [1]	砌体 - 普通砖	180.0	☐	☑
4	**核心边界**	**包络下层**	0.0		

内部边

插入(I)　删除(D)　向上(U)　向下(O)

图 3-1-5

♡提示: 墙部件定义中的"层"用于表示墙体的构造层次,定义的墙结构列表从上(外部边)到下(内部边)代表墙构造从"外"到"内"的顺序。

6. 单击第 1 行"面层 2[5]"右侧"材质"单元格,出现浏览按钮 <按类别> ,单击 ,进入"材质浏览器"的默认对话框,在搜索栏输入"瓷砖",在搜索结果中选择"瓷砖,机制",单击鼠标右键选择"复制",得到新瓷砖类型"瓷砖,机制(1)",名称呈蓝色高亮显示,将其重命名为"教工之家-F1 外墙黄色瓷砖",如图 3-1-6 所示。

图 3-1-6

7. 单击"教工之家-外墙黄色瓷砖"材质【图形】下【着色】中的【颜色】色块,在弹出的"颜色"对话框中修改,按图 3-1-7 所示,修改颜色 RGB 数值,单击"确定"按钮,回到"材质浏览器"。

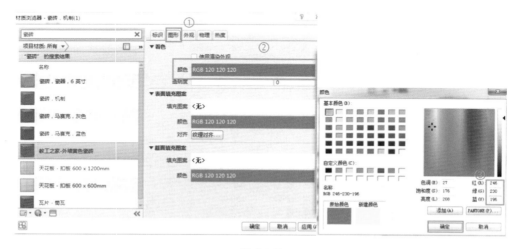

图 3-1-7

8. 单击【图形】下的【表面填充图案】中的【填充图案】,进入"填充样式"对话框,按图3-1-8所示,确认"填充图案类型"为"模型",选择"填充图案"为"正方形 250 mm",单击"确定"按钮,返回"材质浏览器"。

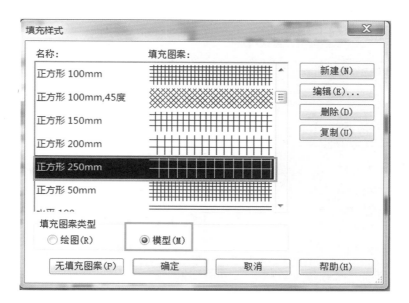

图 **3-1-8**

9. 单击【图形】下的【截面填充图案】中的【填充图案】，进入"填充样式"对话框，按图3-1-9所示，确认"填充图案类型"为"绘图"，选择"填充图案"为"垂直-1.5 mm"，单击"确定"按钮，返回"材质浏览器"。

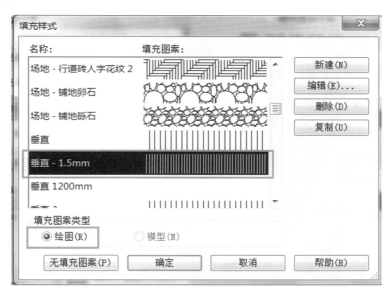

图 **3-1-9**

♡提示：填充图案类型分为模型和绘图两种。模型填充图案和视图显示与视图比例无关，而绘图填充图案随当前视图比例变化而变化，可保证打印时填充图案的间距保持一致。

10. 按图 3-1-10 所示，确认"教工之家-F1 外墙黄色瓷砖"材质图形显示效果，单击"确定"返回"编辑部件"对话框，完成外墙"面层"瓷砖的材质编辑。

图 3-1-10

11. 再次单击"编辑部件"对话框中的"插入"按钮,添加一层新的构造层,通过"向上"或"向下"命令使该层编号为"2",即置于面层下,修改该层的"厚度"为"20.0";单击修改该行"功能",在下拉列表中选择"衬底[2]";单击材质单元格的 按钮,进入"材质浏览器"对话框,在搜索栏输入"水泥砂浆",在搜索结果中选择"水泥砂浆",单击鼠标右键选择"复制",修改复制后的材质为"教工之家-墙体水泥砂浆",确认其"图形"模式的着色、表面填充图案和截面填充图案,如图 3-1-11 所示,单击"确定"按钮返回"编辑部件"对话框。

图 3-1-11

♡**提示**:在材质浏览器中选择材质时,需要先复制当前材质,再对复制好的材质进行修改,便于保留系统族里默认材质的类别。

12. 再次单击"插入"按钮,添加一层新的构造层,单击"向下"按钮使该层编号为"6",修改"厚度"为"10.0",单击修改该行"功能",在下拉列表中选择"面层2[5]",打开该行"材质浏览器",搜索"涂料",复制"涂料-白色",名称改为"教工之家-内墙白色涂料",设置着色颜色为"白色",表面填充图案为"无",截面填充图案为"沙-密实",颜色均为"黑色",如图 3-1-12 所示,完成后单击"确定"按钮返回"编辑部件"对话框。

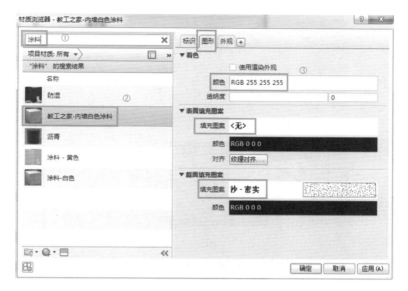

图 3-1-12

13.单击"编辑部件"对话框左下角的"预览"按钮,确认"预览"对话框"视图"为"楼层平面"视图,对照确认各构造层的截面显示图例,如图 3-1-13 所示。

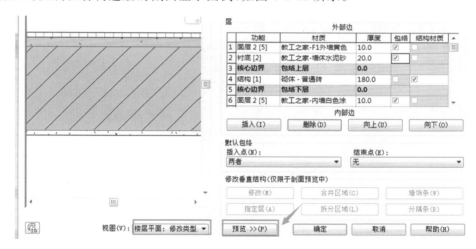

图 3-1-13

14.单击"编辑部件"对话框的"确定"按钮,返回"类型属性"对话框,注意此时墙体总厚度为 220 mm。单击"确定"按钮,退出"类型属性"对话框,完成墙的属性定义,返回墙绘制状态,此时【属性】面板当前墙类型自动切换为"教工之家-F1 外墙"。

3.1.1.2　绘制 F1 外墙

1.确认当前视图为 F1 楼层平面视图,确认界面处于"修改|放置墙"状态,设置"绘制"面板中的绘制方式为"直线"。

2.如图 3-1-14 所示,设置选项栏中的墙"高度"为"F2";设置墙"定位线"为"核心面:外部";勾选"链",将连续绘制墙;设置"偏移量"为"0.0"。

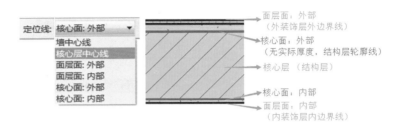

图 3-1-14

♡提示：Revit Architecture 提供了 5 种墙定位方式，可结合图 3-1-15 对照理解 5 种定位线的区别，便于实际工程中灵活选用。

图 3-1-15

3. 将鼠标移至绘图区域，鼠标指针变为绘制状态。通过鼠标滚轴缩放视图至适当比例，将鼠标指针放至 A 轴与 1 轴交点，待软件自动捕捉两轴线交点时，A 轴和 1 轴会变为蓝色线条，单击鼠标左键，作为 F1 外墙的起点，沿 1 轴向上移动鼠标指针至 C 轴与 1 轴交点位置后单击鼠标左键，继续沿 C 轴向右移动，至 C 轴与 2 轴交点处单击鼠标，沿 2 轴向上移动，捕捉到 D 轴和 2 轴交点时单击鼠标左键，沿 D 轴向右移动，捕捉到 D 轴和 4 轴交点时单击鼠标左键，沿 4 轴向下移动，捕捉到 4 轴与 C 轴交点时单击鼠标左键，沿 C 轴向右移动，捕捉到 C 轴和 7 轴交点时单击鼠标左键，沿 7 轴向下移动，至 A 轴时单击鼠标左键后，沿 A 轴向左移动，捕捉到 A 轴和 2 轴交点时单击鼠标左键，完成 F1 层外墙绘制，按键盘 Esc 键 2 次，退出墙绘制模式，完成 F1 外墙绘制，如图 3-1-16 所示。

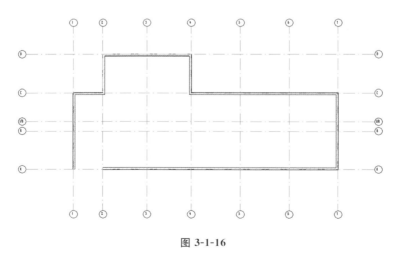

图 3-1-16

♡提示：单个图元绘制完成后，单击键盘 Esc 键 1 次，退出当前操作步骤，但仍停留在当前命令；若按键盘 Esc 键 2 次，即退出当前命令。

4. 单击【项目浏览器】中【三维视图】的"3D"按钮或者单击快速访问栏的图标 ⌂ ，可以

切换至三维模型,切换视图底部视图控制栏中视觉样式显示模式为"着色",可看到完成的 F1 外墙的 3D 效果,如图 3-1-17 所示。

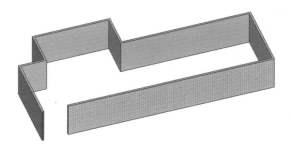

图 **3-1-17**

3.1.1.3　编辑 F1 外墙

1.双击【项目浏览器】中【楼层平面】的"F1",切换至 F1 平面视图,单击【建筑】选项卡【工作平面】面板的【参照平面】工具,进入"修改|放置参照平面"选项卡,默认"直线"绘制,鼠标指针移至绘图区域,在 B 轴与 7 轴交线处沿 B 轴方向上下各绘制一段水平参照平面,并分别命名为"1""2",调整参照平面,与 B 轴距离均为 1400.0,如图 3-1-18 所示。

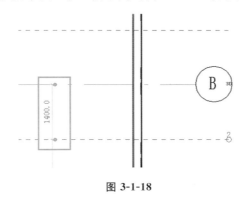

图 **3-1-18**

编辑 **F1** 外墙

♥**提示**:参照平面不能在三维视图模式下创建。

小技巧:绘制参照平面的同时按住键盘 Shift 键,可以约束绘制方向为正交。

2.单击【墙:建筑】进入建筑墙体的"修改|放置墙"界面,确认【属性】面板中当前墙体为"教工之家-F1 外墙"。确认选项栏中"定位线"为"核心面:外部",单击 B 轴上部参照平面墙体的外核心边界线,向左绘制墙体时,输入数字"400",完成一段 400 长的墙体,按键盘 Esc 键 2 次,退出当前命令。选中绘制的这段墙体,选项卡会自动切换至"修改|墙"界面。

3.单击【修改】面板的"镜像-拾取轴" ![图标] 命令,单击绘图区域的 B 轴,将墙体镜像至参照平面 2 上,按键盘 Esc 键 1 次,退出当前操作;单击【修改】面板的"拆分图元" ![图标] 命令,将鼠标指针移至 7 轴墙体的 2 段参照平面处,单击墙体一次,将墙体分为两段,按键盘 Esc 键一次退出当前操作;单击【修改】面板的"修剪/延伸为角" ![图标] 命令,完成墙体修剪。

4.再次选择"教工之家-F1 外墙",进入建筑墙体的"修改|放置墙"界面,确认选项栏中

"定位线"为"核心面：内部"，捕捉参照平面 1 墙体的上核心边界线，按住键盘 Shift 键，向下绘制至参照平面 2 墙体处，单击左键，按键盘 Esc 键 2 次，退出当前命令，完成 7 轴外墙凹凸造型绘制，如图 3-1-19 所示。

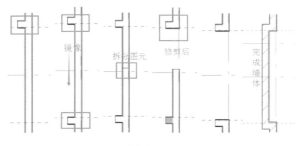

图 3-1-19

5. 双击【项目浏览器】中【楼层平面】的"F1"，将视图切换至 F1 平面视图。将鼠标指针移至任一段外墙处时，指针处外墙将呈蓝色高亮显示，单击键盘 Tab 键，绘图区域将高亮显示与该墙相连的所有外墙，单击鼠标左键，选择 F1 所有外墙。F1 外墙的三维视图如图 3-1-20 所示，保存该项目文件，完成 F1 外墙绘制。

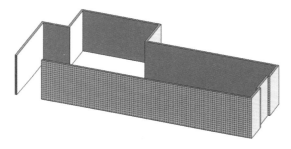

图 3-1-20

在 Revit Architecture 中，可以通过选择【绘制】面板中的矩形、多边形、弧形等绘制方式，绘制不同形式的墙体，可参照下述案例进行学习。

(1)选择"教工之家-项目样本"新建一个项目，切换视图至"标高 1"楼层平面视图。

(2)选择【构建】面板的【墙：建筑】，进入建筑墙体的"修改|放置墙"界面，修改选项栏的"高度"为"标高 2"，修改"定位线"为"核心层中心线"，勾选"链"，确认【绘制】面板选择矩形 ⬜ 绘制命令，在绘图区域可以一次绘制出四道围成封闭矩形的墙体。

编辑墙体轮廓

(3)切换【绘制】面板命令为"起点-终点-半径弧 ⌒"，可以在绘图区域随机拾取起点和终点，生成不同弧度的弧形墙。

(4)编辑墙体轮廓。

①选择一段绘制好的直形墙，会自动进入"修改|墙"选项卡，单击【模式】面板中的"编辑轮廓"，如果是在平面视图下进行"编辑轮廓"操作，此时会弹出"转到视图"对话框，选择立面视图或三维视图进行操作，进入该墙体轮廓的编辑模式。

💚 提示：编辑模式下，墙体轮廓为一条连续闭合、不重复、不交叉、不断开的紫红色线框。

②在立面或三维视图下,如图 3-1-21 所示,利用不同的绘制方式,绘制所需形状,修剪轮廓线可用"修改|墙>编辑轮廓"下【修改】面板的命令,通过不同修改命令完成轮廓线的编辑。

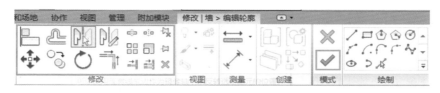

图 3-1-21

可以通过切换【绘制】面板中的不同绘制命令,完成如图 3-1-22 所示墙体轮廓的编辑。

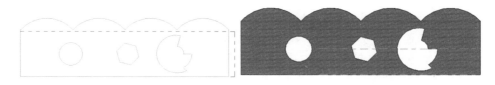

图 3-1-22

3.1.2 创建 F1 内墙

3.1.2.1 定义 F1 内墙属性

创建 F1 内墙

1.打开上节完成的"3.1.1 F1 外墙"项目文件,另存为"3.1.2 F1 内墙",切换为 F1 楼层平面视图。

2.选择墙工具,在【属性】面板的"类型选择器"中,选择墙类型为"基本墙:教工之家-F1 外墙"。单击【属性】面板的【编辑类型】,进入"类型属性"对话框,以此墙复制名称为"教工之家-内墙"的新基本墙类型。

3.按照图 3-1-23 所示,设置 F1 内墙材质,单击【类型参数】下的【结构】中的"编辑"按钮,进入"编辑部件"对话框,按照图 3-1-24 所示,单击选择第 2 层"衬底"层,单击"删除"按钮删除该层,修改第 1 层的材质为"教工之家-内墙白色涂料",完成 F1 内墙的构造。设置完成后单击"确定"按钮返回"类型属性"对话框。

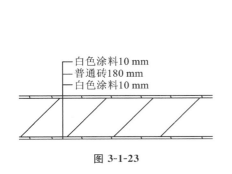

白色涂料10 mm
普通砖180 mm
白色涂料10 mm

图 3-1-23

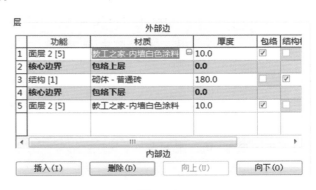

	功能	材质	厚度	包络	结构
1	面层 2 [5]	教工之家-内墙白色涂料	10.0	☑	
2	**核心边界**	**包络上层**	**0.0**		
3	结构 [1]	砌体 - 普通砖	180.0	☐	☑
4	**核心边界**	**包络下层**	**0.0**		
5	面层 2 [5]	教工之家-内墙白色涂料	10.0	☑	

内部边

| 插入(I) | 删除(D) | 向上(U) | 向下(O) |

图 3-1-24

4.修改"功能"参数为"内部",单击"确定"按钮,返回墙绘制模式。

3.1.2.2 绘制 F1 内墙

1.设置选项栏中的墙"高度"为"F2"，"定位线"为"核心面：外部"，确认勾选"链"，设置"偏移量"为"0.0"。

2.确认墙绘制方式为"直线"，将鼠标指针移至 C 轴和 2 轴交点处，单击鼠标左键，按住键盘 Shift 键，向右延伸至 C 轴与 4 轴交点处，单击鼠标左键，按键盘 Esc 键 2 次，退出绘制墙命令，完成该段内墙绘制。

3.单击【建筑】选项卡【工作平面】面板的【参照平面】，默认"直线"绘制，鼠标指针移至绘图区域，在 2 轴和 3 轴之间位置绘制一条平行于 2 轴的参照平面，按键盘 Esc 键 2 次退出当前命令。选中该参照平面，命名为"3"，修改其与 2 轴的距离为"2500"。

4.再次进入"教工之家-F1 内墙"绘制界面，修改选项栏中"定位线"为"核心层中心线"。

5.确认墙绘制方式为"直线"，将鼠标指针移至 A 轴和 3 号参照平面交点处，单击鼠标左键，向上延伸至 C 轴与 3 号参照平面交点处，单击左键，按 1 次 Esc 键；单击 3 号参照平面与 B 轴交点，向左延伸至与 2 轴交点处，单击左键，按 1 次 Esc 键；单击 A 轴与 2 轴交点处，向上延伸至 1/B 轴与 2 轴交点处，单击左键，按 1 次 Esc 键。

6.修改选项栏中"定位线"为"核心面：外部"，单击 2 轴与 1/B 轴交点处，向左延伸至 1 轴与 1/B 轴交点处，单击左键，按 2 次 Esc 键，退出当前命令。完成 F1 内墙绘制，如图3-1-25所示。保存该项目文件至电脑指定位置。

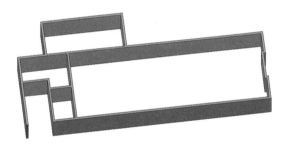

图 3-1-25

✎ **小技巧**：①墙体绘制过程中，可以通过键盘"空格键"翻转墙体内外方向。与选中绘制完成的墙体侧面的符号 ⇕ 作用相同。

②Revit Architecture 中的墙体有内外之分，绘制墙体时顺时针方向绘制，可实现外墙外侧朝外。

3.1.3 创建 F2 墙体

在 Revit Architecture 中，图元可以通过【剪贴板】的复制、粘贴命令运用于其他标高或者视图。若不同楼层图元材质信息一致，可直接修改图元【属性】面板的底部、顶部限制条件，实现图元高度的变化。

创建 **F2**、**F3**
及室外墙体

3.1.3.1 复制 F1 墙体至 F2 层

1.打开上节完成的"3.1.2　F1 内墙"项目文件，另存为"3.1.3　F2 墙"，切换为 F1 楼层平面视图。

2.按住鼠标左键,由左上至右下框选所有墙体及轴网,此时,选项卡界面自动切换为"修改|选择多个"界面,单击【选择】面板的【过滤器】命令,进入"过滤器"对话框,按图 3-1-26 所示,只选择"墙",单击"确定"按钮,返回绘图界面。

3.自动切换进入"修改|墙"界面。如图 3-1-27 所示,单击【剪贴板】面板中的"复制到剪贴板"工具,激活"粘贴"工具命令,在下拉列表中选择"与选定的标高对齐",在弹出的"选择标高"对话框中,选择"F2",单击"确定"按钮,完成 F2 墙体的复制。

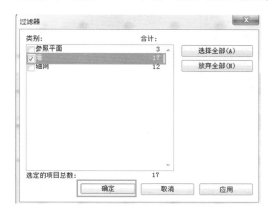

图 3-1-26   图 3-1-27

3.1.3.2 定义 F2 墙体属性

1.将视图切换至 F2 楼层平面视图,利用键盘 Tab 键选中 F2 所有外墙(若选择多余的墙体,按键盘 Shift,点击鼠标左键到对应的对象,取消选择),此时【属性】面板的"类型选择器"中显示当前墙体为"教工之家-F1 外墙",单击【编辑类型】进入"类型属性"对话框,以此墙复制名称为"教工之家-F2 以上外墙"的新基本墙类型。

2.单击【类型参数】下的【结构】中的"编辑"按钮,进入"编辑部件"对话框,选择第 1 层"面层 2[5]"层,单击第 1 层的"材质"单元格的"编辑"按钮,进入"材质浏览器"对话框,复制"教工之家-F1 外墙黄色瓷砖"材质并命名为"教工之家-F2 以上外墙蓝色瓷砖"。

3.修改"教工之家-F2 以上外墙蓝色瓷砖"材质"图形"模式下"着色"中的"颜色"色块,如图 3-1-28 所示,单击"确定"完成对 F2 外墙材质的编辑。

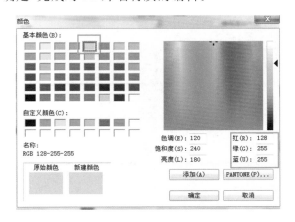

图 3-1-28

4.单击"确定"完成 F2 外墙类型属性编辑后,切换至"三维"模式,可见如图 3-1-29 所示的墙体"着色"显示模式下的效果图。保存该项目文件至指定目录。

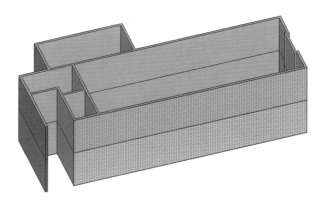

图 3-1-29

> ♥提示:此处只修改了 F2 外墙"图形"模式"着色"下的"颜色"色块,并未修改"外观"模式下的色块,在三维状态"着色"显示模式下 F1、F2 楼层外观色彩会发生改变,而"真实"模式下效果不会变化。

3.1.4 创建 F3 女儿墙

本项目在 F2 层 A 轴以南会设置一道 1.5 m 宽的走道,根据设计要求,F3 屋面板会为此楼板形成对应宽度的挑檐,故绘制 F3 女儿墙会借助参照平面来定位轴网外墙体位置。

1.打开上节完成的"3.1.3 F2 墙"项目文件,另存为"3.1.4 F3 女儿墙",切换为 F3 楼层平面视图。

2.使用【建筑】选项卡→【工作平面】面板→【参照平面】工具,绘制一条平行于 A 轴,位于 A 轴以下距离 A 轴 1500 的参照平面,并命名该参照平面为"4"。

3.使用墙工具,选择墙类型为"教工之家-F2 以上外墙",设置选项栏中的墙"高度"为"F4","定位线"为"核心面:外部"。如图 3-1-30 所示,以 4 号参照平面与 1 轴交点作为起点,沿 1 轴依次捕捉女儿墙各转折交点,绘制完成 F3 女儿墙。保存该项目文件至指定目录。

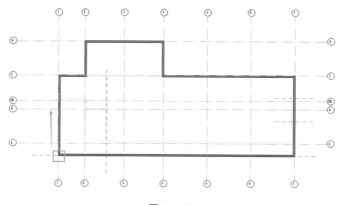

图 3-1-30

3.1.5　生成室外地坪墙体

1.打开上节完成的"3.1.4 F3 女儿墙"项目文件,另存为"3.1.5 室外地坪墙体",切换为 F1 楼层平面视图。

2.按住鼠标左键,由左上至右下框选 F1 所有墙体,进入"过滤器"确认只选中"墙",因此时同时选中 F1 外墙和内墙,【属性】面板"类型选择器"当前显示"基本墙已选中多种墙体"。

3.修改【属性】面板"底部限制条件"为"室外地坪",单击"应用",完成室外地坪至 F1 楼层墙体的高程设置。在三维视图中,确认 F1 墙体高度的变化。保存该项目文件至指定目录。

　　♡提示:利用复制命令完成的不同楼层墙体之间会形成分隔线,利用限制条件生成的跨楼层的墙体之间不会形成分隔线,可根据实际情况选择不同命令完成墙体绘制。

3.1.6　墙饰条及分隔条

墙饰条及分隔条

"墙饰条"命令主要用于绘制墙体在某一高度处自带的墙饰条。

1.在三维视图下,单击"墙饰条",进入"修改|放置墙饰条"界面,【放置】面板默认"水平"放置,如图 3-1-31 所示,【属性】面板当前类型选择器中显示"檐口",将鼠标指针移至任一道墙体,单击鼠标左键,即可添加一道矩形檐口至指定位置。单击【放置】面板中的"重新放置墙饰条",可重新形成"放置墙饰条"命令。

2.选择放置好的墙饰条,进入"类型属性"对话框,可选择不同的轮廓族;也可通过【插入】选项卡→【载入族】→【载入轮廓族】,设置不同形状的墙饰条,如图 3-1-32 所示。

图 3-1-31

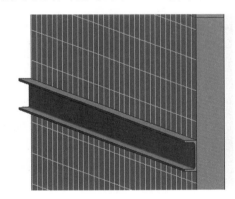

图 3-1-32

分隔条绘制、设置方法与墙饰条的相同,只需要添加分隔条的族并编辑参数。

　　♡提示:墙饰条及分隔条不能在平面视图中创建,需要在三维视图或立面视图中创建。

3.1.7　复合墙

复合墙

在 Revit Architecture 中,基本墙可以设置成面层分多种材质的复合墙,下面通过 BIM 等级考试第三期一级考试中的第 2 道真题,进行复合墙的练习。

题目：按照图 3-1-33 所示，新建项目文件，创建如下墙体类型，并将其命名为"等级考试-外墙"之后，以标高 1 到标高 2 为墙高，创建半径为 5000 mm（以墙核心层内侧为基准）的圆形墙体，最终结果以"墙体"为文件名保存在考生文件夹中。

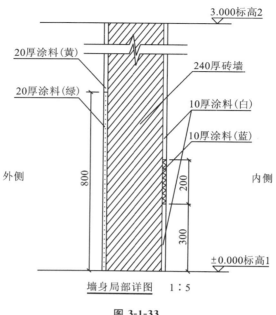

墙身局部详图 1:5

图 3-1-33

操作步骤如下。

1.利用本书样本文件新建项目，修改标高 2 高程值为 3.00 m。

2.切换至标高 1 视图，选择墙工具，复制基本墙"常规-180 mm"，命名为"等级考试-外墙"。

3.进入"编辑部件"对话框，修改"结构"层"厚度"为"240.0"；单击"结构"层"材质"单元格的"编辑"按钮，进入"材质浏览器"，修改默认主材"砖，普通，红色"，在【图形】模式下选择【截面填充图案】→【填充样式】→【砌体 砖】，单击"确定"完成对核心层的截面图例的设置；按图 3-1-34 所示，利用"插入""向上""向下"命令添加第 1 层和第 5 层，修改其"功能"为"面层 2[5]"，设置第 1 层"厚度"为"20.0"，第 5 层"厚度"为"10.0"。

层

	功能	材质	厚度	包络	结构材质
		外部边			
1	面层 2 [5]	<按类别>	20.0	✓	
2	**核心边界**	**包络上层**	**0.0**		
3	结构 [1]	砖，普通，红色	240.0		✓
4	**核心边界**	**包络下层**	**0.0**		
5	面层 2 [5]	<按类别>	10.0	✓	
		内部边			

插入(I)	删除(D)	向上(U)	向下(O)

图 3-1-34

4. 单击第 1 层"材质"单元格的编辑按钮,进入"材质浏览器",搜索"涂料",在搜索结果中选择"涂料-黄色",单击鼠标右键选择"复制",修改复制后的材质为"20 厚涂料(黄)",确认其"图形"模式的着色、表面填充图案和截面填充图案,如图 3-1-35 所示。

图 3-1-35

5. 利用材质"20 厚涂料(黄)"依次复制成新的材质"20 厚涂料(绿)""10 厚涂料(白)""10 厚涂料(蓝)",并按图 3-1-36～图 3-1-38 所示分别设置三种新涂料材质的【图形】显示模式。

图 3-1-36

图 3-1-37

图 3-1-38

6.按图 3-1-39 所示,添加层,并设置各层的材质,注意各留出一层厚度为 0.0 的构造层次。

层
外部边

	功能	材质	厚度	包络	结构材质
1	面层 2 [5]	20厚涂料（黄）	20.0	✓	
2	面层 2 [5]	20厚涂料（绿）	0.0	✓	
3	**核心边界**	**包络上层**			
4	结构 [1]	砖,普通,红色	240.0		✓
5	**核心边界**	**包络下层**			
6	面层 2 [5]	10厚涂料（蓝）	0.0	✓	
7	面层 2 [5]	10厚涂料（白）	10.0	✓	

内部边

插入(I)	删除(D)	向上(U)	向下(O)

图 3-1-39

7.按图 3-1-40 所示,单击"编辑部件"对话框左下角的"预览"按钮,在打开的预览窗口,切换视图为"剖面:修改类型属性"。此时"编辑部件"对话框"修改垂直结构(仅限于剖面预览中)"列表中的工具变为可用。

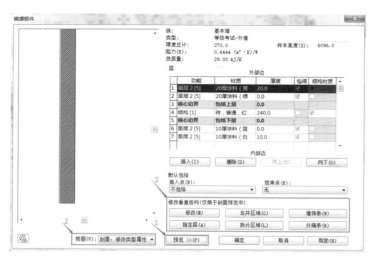

图 3-1-40

小技巧：将鼠标移至预览框，单击1次左键后，利用鼠标滚轴缩放、平移预览视图。

8. 单击"修改垂直结构（仅限于剖面预览中）"工具列表中的"拆分区域"按钮，在左侧预览框面层（墙体外侧）距底部 800 mm 处单击左键，将面层分为上下两段，如图 3-1-41 所示。

9. 继续使用"拆分区域"按钮，将墙体内侧"面层"按图 3-1-42 所示进行拆分。拆分后在拆分位置与墙底部之间自动生成尺寸标注。

10. 选中墙结构层列表中的第 2 层"面层""20 厚涂料（绿）"，单击"修改垂直结构（仅限于剖面预览中）"工具列表中的"指定层"按钮，在左侧预览窗口单击拾取墙面外侧底部 800 高的面层，将该层"材质"设置为"20 厚涂料（绿）"，如图 3-1-43 所示。注意此时墙结构层列表中第 2 层面层"厚度"变为"20"，第 7 层"厚度"变为"可变"，并不可编辑。

11. 选中墙结构层列表中的第 6 层"面层""10 厚涂料（蓝）"，单击"指定层"按钮，单击拾取墙面内侧拆分高度为 200 的区域，将该层"材质"设置为"10 厚涂料（蓝）"，如图 3-1-44 所示。

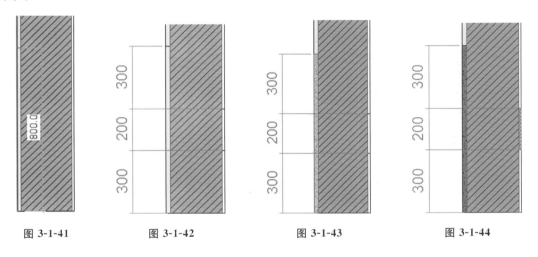

图 3-1-41   图 3-1-42   图 3-1-43   图 3-1-44

12. 单击"确定"完成复合墙材质设置，再次点击"确定"回到绘图界面。

13. 设置选项栏中的"高度"为"标高 2"，"定位线"为"核心面：内部"，设置【绘制】面板绘制方式为"圆 ⊙"。在绘图区域适当位置，单击左键确定圆心，输入半径"5000"，绘制圆形墙体，通过"空格键"确认墙体外面层朝外。完成后的三维效果，如图 3-1-45 所示。

图 3-1-45

3.2 创建幕墙

　　幕墙是现代建筑设计中应用广泛的一种外墙。幕墙由"幕墙网格""幕墙竖梃"和"幕墙嵌板"组成。幕墙嵌板是构成幕墙的基本单元，幕墙由一个或多个幕墙嵌板组成，幕墙嵌板可以分别编辑为不同材质。幕墙嵌板的大小、数量由幕墙网格划分形成。幕墙竖梃即幕墙龙骨，是沿幕墙网格生成的龙骨构件，当删除幕墙网格时，幕墙竖梃也将同时删除。

　　在 Revit Architecture 中，幕墙可以分为常规幕墙、规则幕墙系统和面幕墙系统。常规幕墙绘制方法同墙体绘制方法，可以通过幕墙状态下【模式】面板的【编辑轮廓】与【修改】面板的"附着""分离"命令来完成；规则幕墙系统和面幕墙系统可通过创建体量或常规模型来绘制，主要在幕墙数量多、面积较大或为不规则曲面时使用，具体见本书第 14 章"族与体量"。

3.2.1 创建玻璃幕墙

3.2.1.1 绘制玻璃幕墙

创建幕墙及网格

　　1.打开"教学资料"第 3 章项目文件"3.2.1 创建幕墙项目样本"，另存为"3.2.1创建幕墙及网格"，将软件操作页面调整为习惯绘图界面，切换至标高 1 楼层平面视图。

　　2.单击【建筑】→【构建】→【墙：建筑】→【属性】面板，选择【幕墙】，打开"类型属性"对话框，复制出名称为"练习楼-外墙带门幕墙"的新幕墙类型。

　　3.勾选"类型属性"对话框"类型参数""自动嵌入"，不修改其他类型参数，单击"确定"回到绘图界面。

　　4.确认【绘制】面板勾选"直线"绘制。设置选项栏中的"高度"为"标高 2"，勾选"链"选项，设置"偏移量"为"0.0"，注意幕墙不允许设置"定位线"。设置【属性】面板"顶部偏移"为"2000"。

　　5.在 A 轴与 1 号参照平面处，单击左键，向右延伸至 2 号参照平面与 A 轴交点处结束绘制。确认幕墙"外侧"墙面方向朝外。如图 3-2-1 所示，完成后，按 Esc 键两次退出幕墙绘制模式。

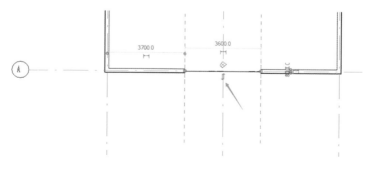

图 3-2-1

　　♡提示：在基本墙上绘制幕墙时，设置幕墙"类型属性"时，注意勾选"自动嵌入"，则在普通墙体上绘制的幕墙会自动剪切墙体。

3.2.1.2　编辑玻璃幕墙轮廓

1.在标高 1 楼层平面视图上,选中"幕墙",进入"修改|墙"界面,单击【模式】面板中的"编辑轮廓",在弹出的"转到视图"对话框中,选择"南立面",打开视图,界面将转到"南立面",进入"修改|墙 编辑轮廓"模式。

2.单击【绘制】面板的"起点-终点-半径弧 ",如图 3-2-2 所示,捕捉幕墙上端左右端点,输入半径值"2000.0",形成弧形轮廓线。

3.选择弧形轮廓线下的直线,按键盘 Delete 键,删除该线段。

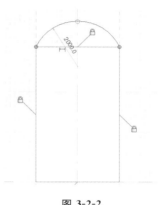

图 **3-2-2**

4.单击【模式】面板的完成编辑按钮 ,完成幕墙外轮廓的编辑,如图 3-2-3 所示。

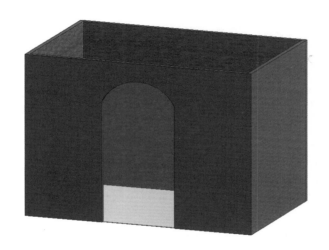

图 **3-2-3**

♥提示:幕墙编辑轮廓状态,紫红色线条必须为单条连续、闭合、不交叉、不重叠、不断开的线条,若不满足,单击完成编辑按钮时,会在界面右下角弹出"错误"提示对话框,单击"显示"按钮,依据提示继续绘制轮廓直至完成编辑。

3.2.2　划分幕墙网格

网格划分分为自动划分网格和手动划分网格,自动划分网格在幕墙"类型属性"参数中直接定义,手动划分网格通过【构建】面板中的【幕墙网格】进行划分。

3.2.2.1　手动划分幕墙网格

1.接前节操作,在三维视图模式下,选中幕墙,在项目浏览器中将视图切换至南立面视图。单击绘图区域下侧【视图控制】栏的"临时隐藏/隔离 "按钮,选择"隔离图元",此时,绘图区域外侧出现一个蓝色线框,视图将仅显示所选择的弧形玻璃幕墙。如图 3-2-4 所示。

图 3-2-4

2. 单击【建筑】→【构建】→【幕墙网格】，进入"修改│放置 幕墙网格"上下文选项卡，默认为如图 3-2-5 所示的"全部分段"命令，鼠标指针变为一个带移动箭头的光标。

图 3-2-5

3. 在"全部分段"命令下，将鼠标指针移至幕墙左侧垂直方向边界位置，将以虚线显示垂直于光标处幕墙网格的幕墙网格预览，如图 3-2-6 所示，在距离底部 2700 处放置第 1 根网格线后，再在距离第 1 根网格线 900 处放置第 2 根水平网格线，依次以 900 为间距放置第 3 根和第 4 根水平网格线。

4. 继续在"全部分段"命令下，将鼠标指针移至幕墙底部水平方向边界位置，在距离左右侧各 900 处放置垂直网格线，如图 3-2-7 所示。

5. 切换【放置】面板的网格划分命令为"一段"，将鼠标移至第 2 根和第 3 根水平网格中间位置，放置一段水平网格线，如图 3-2-8 所示。按键盘 Esc 键 2 次，退出网格绘制命令。

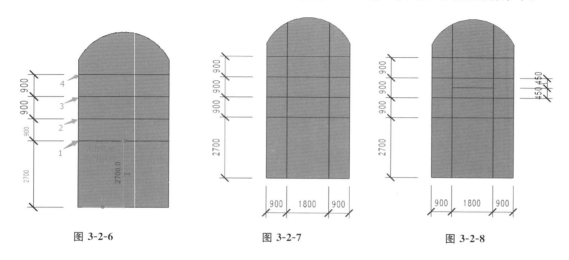

图 3-2-6   图 3-2-7   图 3-2-8

6.单击从下往上数的第 2 根水平网格,界面自动切换至"修改 | 幕墙网格",单击【幕墙网格】面板的"添加/删除线段"工具,鼠标移至选中网格的中间网格位置并单击,如图 3-2-9,完成后,按 1 次 Esc 键退出当前操作,将删除单击位置处网格线段,如图 3-2-10 所示。

7.重复"添加/删除线段"命令,修改第 3 段水平幕墙网格,如图 3-2-11 所示。按 2 次 Esc 键退出当前命令。

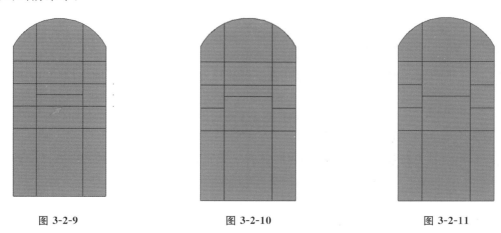

图 3-2-9　　　　　　　　　　图 3-2-10　　　　　　　　　　图 3-2-11

💟提示:网格"添加/删除线段"功能仅对当前所选择网格有效,不能连续应用到不同网格线上。"添加/删除线段"并未真正删除实际的幕墙网格对象,只是将其隐藏。

8.单击【视图控制】栏的"临时隐藏/隔离 📷 "命令,选择"重设临时隐藏/隔离"命令,界面将显示整个建筑南立面构件,保存该项目文件至指定目录。

💟提示:"体量和场地"选项卡下,可通过体量设置异形网格线,详见本书第 14 章的介绍。

3.2.2.2　自动划分幕墙网格

自动划分幕墙网格,通过【属性】面板进入"类型属性"对话框,修改"类型参数"中的"垂直网格""水平网格"即可实现,如图 3-2-12 所示。修改"布局"值为"固定距离""最大间距"或"最小间距",可继续设置"间距"值,并勾选调整竖梃尺寸,满足网格设置差异化的要求。修改"布局"值为"固定数量",在【属性】面板"垂直网格""水平网格"的"编号"中输入网格数量,

图 3-2-12

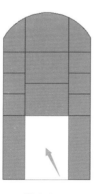

图 3-2-13

如图 3-2-13 所示，系统会根据设置的网格数量自动将幕墙尺寸进行均分。同时可通过调整"角度"值设置斜线网格等。

3.2.3 设置幕墙嵌板

设置幕墙网格后，Revit Architecture 会根据幕墙网格线段将玻璃幕墙划分为独立的幕墙嵌板，可以自由指定或替换各幕墙嵌板。嵌板可以替换为系统嵌板族、载入嵌板族、基本墙和叠层墙中的任一类型。其中，"系统嵌板族"包括玻璃、空和实体三种。

1. 打开上节完成的"3.2.1 创建幕墙及网格"项目文件，另存为"3.2.2 幕墙嵌板及竖梃"，切换为南立面视图，选中整个幕墙后，单击【视图控制】栏的"临时隐藏/隔离"命令，选择"隔离图元"，进入只有玻璃幕墙的界面。

2. 单击选项卡【插入】→【载入族】，载入"教学资料 3.2 族文件夹"里的幕墙嵌板族"幕墙双开门"。

3. 将鼠标移至绘制的幕墙底部的网格线，按键盘 Tab 键，直至需要的幕墙网格嵌板呈蓝色高亮显示，单击鼠标左键，选择该嵌板，如图 3-2-14 所示。自动进入"修改|幕墙嵌板"界面。

4. 单击【属性】面板【类型选择器】中的幕墙嵌板类型下拉列表，在列表中选择第 2 步载入的"幕墙双开门"族类型。绘图界面中可见原玻璃嵌板已被替换为幕墙双开门嵌板，双开门嵌板尺寸大小由幕墙网格大小确定，如图 3-2-15 所示。切换为标高 1 平面视图，可见平面视图上幕墙双开门位置显示为门平面符号。保存项目文件。

设置幕墙嵌
板及竖梃

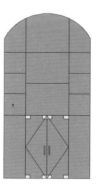

图 3-2-14   图 3-2-15

♡提示：幕墙嵌板类型选择器中，可以选择基本墙、叠层墙、幕墙、系统玻璃与实体、外部载入嵌板等任一族类型，应用灵活度极高。

3.2.4 添加幕墙竖梃

幕墙竖梃即玻璃幕墙的金属框架，在 Revit Architecture 中，使用竖梃工具可将幕墙网格生成指定类型的幕墙竖梃。

1. 接上节内容，继续进入隔离幕墙图元的南立面视图。

2. 单击【建筑】→【构建】→【竖梃】，进入"修改|放置 竖梃"界面。【属性】面板默认"50×150 mm"矩形竖梃，此处不做修改。

3. 单击【放置】面板的"全部网格线"，将鼠标移至幕墙网格处，待网格线全部呈蓝色高亮显示时，单击鼠标左键，在所有网格处生成矩形竖梃，如图 3-2-16 所示。按键盘 Esc 键 2 次，退出当前命令。

4. 将鼠标移至幕墙双开门底部的水平竖梃处，当该段竖梃呈蓝色高亮显示时，单击鼠标左键，选中该竖梃，按键盘 Delete 键，删除该竖梃。注意此时幕墙双开门嵌板会自动重新调整双开门大小。如图 3-2-17 所示。

图 3-2-16

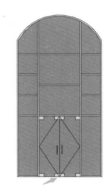

图 3-2-17

5. 单击任意一段竖梃，竖梃两端出现竖梃打断指示符号 ，表示该段水平竖梃被打断，竖直方向为连续，单击该符号，指示符号变为 ，表示该段竖直竖梃被打断，水平方向为连续。也可通过选择该竖梃，单击鼠标右键，选择"连接条件"的"结合"或"打断"，修改幕墙竖梃的连接条件。

♡提示：使用连接符号和连接条件，修改单段竖梃连接方式较为方便，若需要修改全部幕墙网格，此法略烦琐，可通过"类型属性"对话框修改。

6. 移动鼠标至幕墙网格外部线条处，当整个幕墙外轮廓呈蓝色虚线高亮显示时，单击左键，选中整个玻璃幕墙。单击【属性】面板【编辑类型】进入"类型参数"对话框，修改"连接条件"参数为"边界和垂直网格连续"，如图 3-2-18 所示，即可保持竖梃在边界和垂直方向均为连续竖梃，水平方向竖梃被打断。单击"确定"按钮，退出"类型参数"对话框。如图 3-2-19 所示。

图 3-2-18

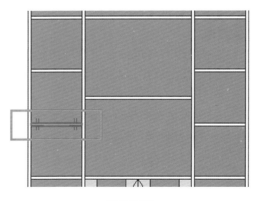

图 3-2-19

7. 通过"类型参数"对话框，可对竖梃的轮廓类型进行修改，如图 3-2-20 所示。"垂直竖梃"和"水平竖梃"均分为"内部类型"与"边界类型"，均可通过下拉列表选择合适的竖梃类型，还可载入外部竖梃轮廓族，来实现竖梃轮廓形状的改变。

8. 完成后幕墙三维模式效果如图 3-2-21 所示，保存该项目文件"3.2.2 幕墙嵌板及竖梃"至指定目录，完成幕墙网格及竖梃的设置。

类型参数

参数	值
垂直竖梃	
内部类型	无
边界 1 类型	无
边界 2 类型	圆形竖梃：25mm 半径
	圆形竖梃：50mm 半径
水平竖梃	矩形竖梃：30mm 正方形
内部类型	无
边界 1 类型	无
边界 2 类型	无

图 3-2-20　　　　　　　　　　　　　　图 3-2-21

3.3　创建叠层墙

创建叠层墙

本章前面介绍了基本墙和幕墙，在 Revit Architecture 中，还有一种墙系统族"叠层墙"，使用叠层墙可以创建由不同材质、不同厚度的"基本墙"叠加而成的复杂墙体。

叠层墙可以由一种或者几种基本墙组成，不同基本墙可以分别指定在叠层墙中的高度、对齐定位方式等，叠层墙绘制方式与基本墙的完全一致。

绘制叠层墙的方法如下。

1. 打开"教学资料"第 3 章项目文件"3.3.1 叠层墙练习样本"，另存为"3.3.1 叠层墙练习"的文件至指定位置。

2. 单击【建筑】→【构建】→【墙：建筑】→【属性】面板，选择【叠层墙】→【外部-砌块勒脚砖墙】，打开"类型属性"对话框，复制出名称为"叠层墙 1"的新叠层墙类型。

3. 单击"类型属性"窗口左下角的"预览"，打开预览窗口。

4. 单击【类型参数】→【结构】→【编辑】按钮，进入"编辑部件"界面，如图 3-3-1 所示。

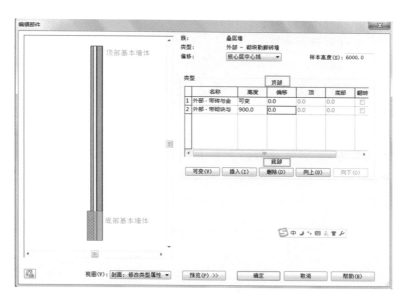

图 3-3-1

💗提示：如图 3-3-1 所示，叠层墙的子墙体按从上到下的顺序，即从顶部到底部。多段叠层墙只可以选定一段的"高度"为"可变"，即此段基本墙的高度为绘制墙体的总高度扣除其他子墙体高度之后的高度。

5. 单击"类型"中的"名称"单元格，点击第 2 行的下拉三角符号，选择"教工之家-F1 外墙"；修改"高度"值为"1200.0"；修改第 1 行"名称"单元格为"教工之家-F2 外墙"，如图 3-3-2 所示，单击"确定"按钮，再次单击"确定"按钮，回到"修改|放置 墙"界面。

6. 确认【属性】面板中当前墙体为"叠层墙 1"。确认选项栏中"高度"为"F3"，"定位线"为"核心面:外部"。单击 A 轴与 1 轴交点处，向右延伸至 A 轴与 3 轴交点处，单击左键，按 Esc 键 2 次，退出当前墙的绘制命令。

7. 通过墙体方向控制按钮，确认墙体外核心层边界线在 A 轴上，即保证外墙外装饰面朝南。切换至 3D 视图，如图 3-3-3 所示。

类型

	名称	高度	偏移	顶	底部	翻转
1	教工之家-F2外墙	可变	0.0	0.0	0.0	☐
2	教工之家-F1外墙	1200.0	0.0	0.0	0.0	☐

底部

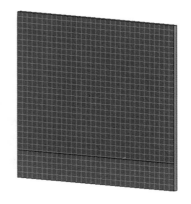

图 3-3-2　　　　　　　　　　　　　　　　图 3-3-3

8. 切换视图至南立面视图，选中所绘制叠层墙，单击【模式】面板的【编辑轮廓】，进入"修

改丨叠层墙＞编辑轮廓"界面，可见墙体外轮廓线呈紫红色线条，此时可通过【绘制】面板的绘制线条命令实现对墙体轮廓的编辑。

9. 单击"直线 ╱ "绘制命令，在距离 2 轴左右两侧 750 处，分别绘制一根高度为 2100 的直线条；切换绘制命令为"起点-终点-半径弧 ╭ "，连接两条直线的顶端，绘制一条半径为 750 的圆弧，按键盘 Esc 键 2 次退出绘制命令。

10. 单击【修改】面板的"拆分图元 ⇌ "命令，在上一步绘制的两条竖线间的下部轮廓线任意位置处单击鼠标左键，将线段拆分为左右两段。单击【修改】面板的"修建/延伸为角 ⇱ "命令，将轮廓线修剪为如图 3-3-4 所示的样子。

11. 单击"完成编辑模式"按钮 ✔ ，完成对叠层墙体轮廓的编辑。如图 3-3-5 所示。保存项目文件至指定位置。

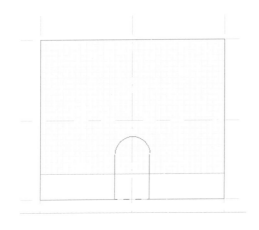

图 3-3-4

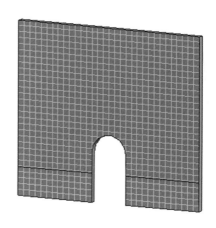

图 3-3-5

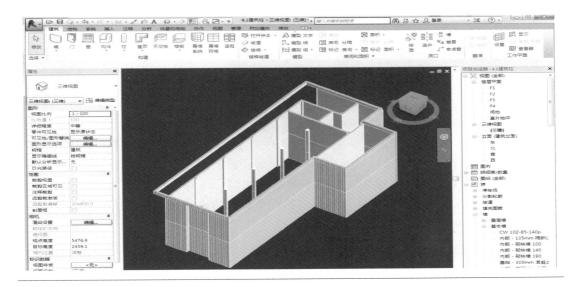

第 4 章　柱的创建

🗝教学目标

通过本章的学习,了解建筑柱和结构柱的区别,熟悉建筑柱创建的步骤,掌握建筑柱的创建和编辑。

🗝教学要求

能 力 目 标	知 识 目 标	权　重
了解建筑柱和结构柱的区别	(1)建筑柱; (2)结构柱	20%
熟悉建筑柱创建的步骤	(1)类型属性定义; (2)绘制建筑柱; (3)编辑完成的建筑柱	40%
掌握建筑柱的创建和编辑	(1)能完成"教工之家"F1矩形柱和圆形柱的定义、绘制和编辑; (2)能完成"教工之家"F2和室外地坪建筑柱的创建	40%

4.1　绘 制 F1 矩 形 柱

"教工之家"项目墙体绘制完成后,需要绘制该项目的柱图元。Revit Architecture 的柱分为结构柱和建筑柱。由于本书介绍的是 Revit Architecture 建筑设计,所以这里主要介绍建筑柱的绘制,结构柱可参照建筑柱的绘制方法进行绘制。建筑柱自动应用所附着墙图元的材质。建筑柱起装饰作用,其种类繁多,一般根据设计要求来确定。柱类型除矩形柱以外还有壁柱、欧式柱、中式柱、现代柱、圆柱等,也可以通过族模型创建设计要求的柱类型。结构柱用于支撑结构和承受荷载,结构柱可以继续进行受力分析和配置钢筋。

4.1.1　定义和绘制 F1 矩形柱

1.打开 3.1.5 节完成的"3.1.5 室外地坪墙体"项目文件,另存为"4.1 建筑柱",切换为 F1 楼层平面视图。

2.定义矩形柱,鼠标单击【建筑】选项卡【构件】面板中的【柱】下拉按钮,在列表中选择"柱:建筑",如图 4-1-1 所示,自动切换至"修改|放置柱"上下文选项卡。

图 4-1-1

3.单击【属性】面板中的【编辑类型】,进入"类型属性"对话框,选择类型为"475×610 mm"的矩形建筑柱,复制新的建筑柱名称为"教工之家-建筑柱 400 * 400",如图 4-1-2 所示。

图 4-1-2

4.修改"教工之家-建筑柱 400 * 400"的尺寸标注,确认"材质"为"按类别",设置"尺寸标注"中的"深度"为"400.0","宽度"为"400.0",点击"确定"退出"类型属性"对话框,如图 4-1-3 所示。

图 4-1-3

5.设置选项栏中"高度"为"F2",确认勾选"房间边界"选项,如图 4-1-4 所示。

图 4-1-4

♥提示:绘制建筑柱时若勾选"房间边界",在后期生成房间面积时,面积线会沿着柱边生成;若取消勾选"房间边界"则生成房间面积时面积线会沿墙边缘生成。

6.确认设置后,移动鼠标指针至 A 轴线与 1 轴线相交处,柱的定位点为矩形柱的中心,放置矩形柱,完成第一个矩形建筑柱的绘制,继续按照图 4-1-5 所示的建筑柱的位置完成 1 轴线上的 3 个建筑柱的绘制,此时不必在意柱的具体位置,在下一步的操作中,可以通过修改编辑命令精准地定位柱位置。按键盘 Esc 键 2 次退出绘制柱命令。

♥提示:翻转柱方向,若定义的建筑柱为"400 * 800"的长方形建筑柱,可以结合键盘的空格键进行方向的切换,如图 4-1-6 所示。

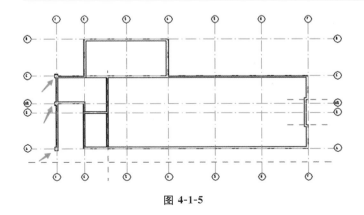

图 4-1-5

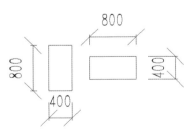

图 4-1-6

4.1.2　编辑修改 F1 矩形柱

单击【修改】选项卡【修改】面板中的【对齐】工具图标 ⊫ 或者输入快捷键命令"AL"，进入"对齐"编辑状态。不勾选选项栏中的"多重对齐"，确认"首选"对齐位置为"参照核心层表面"，如图4-1-7所示。

图 4-1-7

对齐 1 轴线与 A、1/B、C 轴线相交处的建筑柱，单击 1 轴线处的外墙内侧，Revit Architecture 会自动拾取该墙面，并给出蓝色对齐参考线，该位置将作为对齐目标位置，再单击矩形柱的内边线，Revit Architecture 将移动柱使得所选择柱面与墙面对齐；完成左右对齐后继续对矩形柱的上下进行对齐，选择 C 轴线处墙的外侧，再单击矩形柱上侧，这样矩形柱的两侧就按照要求完成了对齐，完成后按 Esc 键 2 次退出对齐编辑模式，如图 4-1-8 所示。建筑柱将自动匹配与之相交的墙的构造和材质，切换至三维视图，在着色模式下可以看到建筑柱的效果。按上述方法完成其余建筑柱的绘制和编辑，如图 4-1-9 所示。

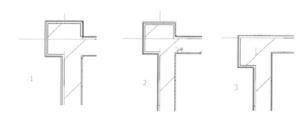

图 4-1-8

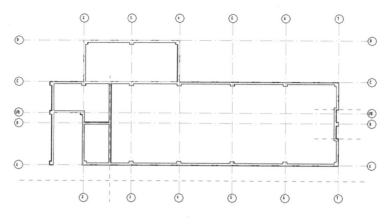

图 4-1-9

♡提示：要使建筑柱自动应用所附着墙图元的材质，需确认所选择建筑柱"类型属性"中的"材质"设置为"按类别"。该参数为族参数，有些建筑柱族可能不包含该材质参数。

4.2 绘制 F1 圆形柱

绘制 F1 圆形柱

根据"教工之家"项目设计需要，本项目中还需绘制 4 个直径为 400 mm 的圆形建筑柱。

4.2.1 载入圆形柱族

由于此样板文件中所包含的系统族不含圆形建筑柱，需要载入圆形建筑柱的族。具体操作方法如下。

点击【插入】选项卡下的【从库中载入】面板的【载入族】工具，如图 4-2-1 所示，在弹出的对话框中选择"建筑"，打开"建筑"文件夹中的"柱"文件夹并从中选择"圆柱"，这样"圆柱"这个族就载入到项目文件中了，如图 4-2-2 所示。

图 4-2-1

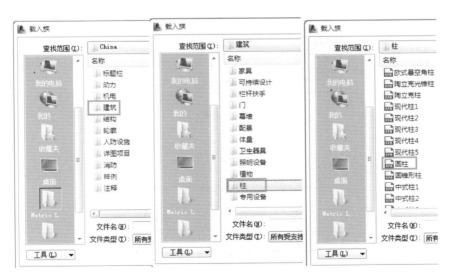

图 4-2-2

4.2.2 定义并绘制圆形柱

单击建筑柱的【编辑类型】，在"类型属性"对话框中就会有"圆柱"这个族，复制该圆柱，

命名为"教工之家圆柱"，如图 4-2-3 所示，修改"直径"为"400.0"，"材质"为"教工之家-内墙白色涂料"，修改完成后点击"确定"退出编辑界面，如图 4-2-4 所示，进入绘图状态。按照图 4-2-5所示的位置完成"教工之家-F1-圆形柱"的绘制，按 2 次 Esc 键退出绘图命令。

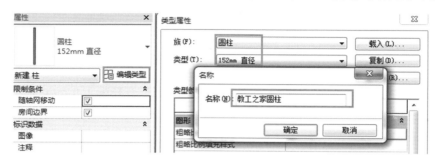

图 4-2-3

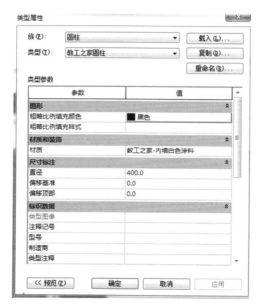

图 4-2-4

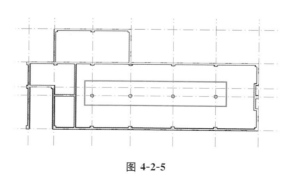

图 4-2-5

　　完成首层全部建筑柱绘制后，将视图切换至三维视图，已经完成的 F1 楼层的建筑柱的效果如图 4-2-6 所示。体现了建筑柱的材质附着功能，可以看到建筑柱的外侧同外墙外侧的材质相同，建筑柱的内侧与外墙内侧墙体的材质一致。

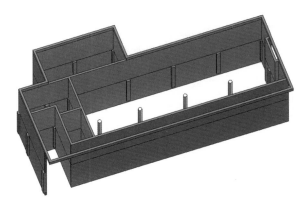

图 4-2-6

4.3　完成其他楼层柱的绘制

绘制其他楼
层柱

首层建筑柱完成后,根据项目需要,还要完成二层及室外地坪的建筑柱的绘制。可以利用复制或修改建筑柱的限制条件等方式生成其他楼层的建筑柱。

4.3.1　复制 F1 楼层建筑柱至 F2 楼层

本项目 F2 楼层的建筑柱与 F1 楼层的建筑柱尺寸及位置均一模一样,可以用复制命令完成 F2 楼层的建筑柱的添加。鼠标框选所有"教工之家"的墙体及建筑柱,自动切换至"修改|选择多个"上下文选项卡,单击【过滤器】工具,如图 4-3-1 所示,弹出"过滤器"对话框,仅勾选"柱"类别,如图 4-3-2 所示,单击"确定"按钮退出"过滤器"对话框,仅保留选择其中的柱类别图元。自动切换至"修改|柱"上下文选项卡。

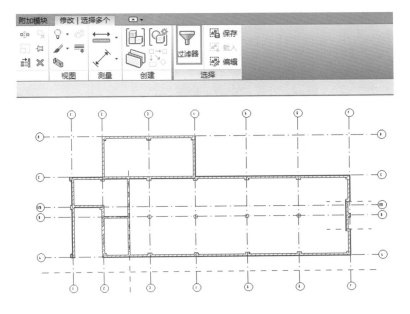

图 4-3-1

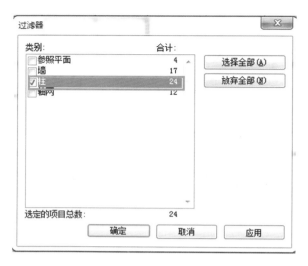

图 4-3-2

单击【剪贴板】面板中的【复制】工具 ⬚ 或同时按键盘 Ctrl 键和 C 键,将所选柱图元复制至剪贴板中。如图 4-3-3 所示。

图 4-3-3

此时"剪贴板"面板中的"粘贴"按钮变为可用。单击【粘贴】工具下拉列表,在列表中选择"与选定的标高对齐"选项,弹出"选择标高"对话框,该对话框列出当前项目中所有已创建的标高。在列表中选择"F2",单击"确定"按钮将所选 F1 标高建筑柱复制至 F2 标高,如图 4-3-4 所示。复制完成后切换至三维视图查看结果,如图 4-3-5 所示。

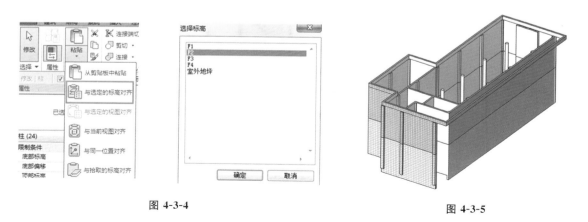

图 4-3-4   图 4-3-5

4.3.2 完成室外地坪建筑柱的绘制

这里介绍通过修改柱的标高方式生成室外地坪建筑柱,具体操作办法如下。切换至 F1

楼层平面视图,框选 F1 视图中的所有图元,利用"过滤器"工具选中 F1 楼层中所有的建筑柱,自动切换至"修改|柱"上下文选项卡,修改【属性】面板中的"底部限制条件"为"室外地坪",即所选建筑柱底部标高从"室外地坪"开始,单击"应用"按钮应用该设置,如图 4-3-6 所示。完成后切换至三维视图,查看最终结果,如图 4-3-7 所示,绘制完成后保存并关闭项目文件。

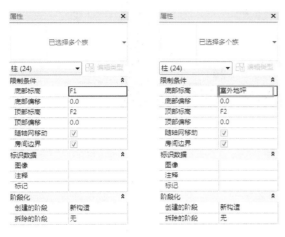 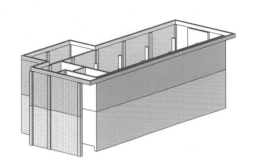

图 4-3-6　　　　　　　　　　　　　　　　　图 4-3-7

💚 **提示:**选择图元时,可以结合过滤器工具选中一类图元,也可以利用鼠标右键进行多个同名称图元的选择。可以选中某一图元后单击鼠标右键,在弹出的对话框中点击"选择全部实例",可以看到有"在视图中可见""在整个项目中"两个选项供选择。若选择"在视图中可见"指在当前视图中跟所选中图元同名称的构件将被选中;若选择"在整个项目中"表示在整个项目文件中所有跟选中图元同名称的构件全部被选中,可以根据实际需要利用这种方式选择图元。

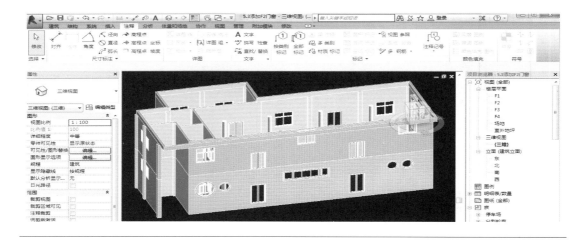

第 5 章　门、窗的创建

教学目标

通过本章的学习,了解门、窗族类型及其应用,熟悉门、窗创建的一般步骤,掌握门、窗创建的重点和难点,完成门、窗的创建。

教学要求

能 力 目 标	知 识 目 标	权　重
了解门、窗族类型	载入对应的门、窗族类型,修改相关的参数	20%
掌握门、窗的创建方法	(1)能完成"教工之家"F1楼层门、窗的创建 (2)能完成"教工之家"F2楼层门、窗的创建,对门、窗进行标记的添加、类型的修改	80%

在 Revit Architecture 里通过添加合适的门、窗族即可完成门、窗放置,通过修改门、窗族类型参数即可形成新的门、窗类型,复杂形式门、窗可通过自制族文件完成,本书第 14 章有详细介绍。同时可通过载入外部族的方法来满足多类型门、窗的需求。

5.1　添加 F1 门

添加 F1 门

添加门的一般思路:单击【建筑】选项卡【构建】面板的【门】命令,单击【属性】面板【编辑类型】,进入"类型属性"对话框,选择合适的门"族"与"类型",修改"类型参数"值,确认属性框的实例属性值,在墙上合适的位置添加门。

5.1.1　载入 F1 双面嵌板玻璃门

打开第 4 章完成的"4.1 建筑柱"项目文件,另存为"5.1 添加 F1 门",保存该项目文件至指定目录,切换为 F1 楼层平面视图。

1.单击【建筑】→【构建】→【门】,进入"修改│放置 门"界面。

2.单击【属性】面板【编辑类型】,进入"类型属性"对话框,单击"载入"进入系统默认族库,依次双击文件夹【建筑】→【门】→【普通门】→【平开门】→【双扇】,单击选择"双面嵌板玻璃门",如图 5-1-1 所示,单击"打开"回到"类型属性"对话框。

图 5-1-1

3.单击"类型"下拉三角符号,选择"1500×2400 mm"门后复制,重命名为"M1524",修改"类型参数"中的"功能"为"外部",如图 5-1-2 所示。

图 5-1-2

4.修改门的"类型参数"下面的"类型标记"为"M1524",单击"确定",完成门类型参数值设定,回到"修改│放置 门"界面。

5.1.2　放置 F1 双扇门

1.放置前,确认选择【标记】面板中的"在放置时进行标记",自动标记放置的门的编号。确认选项栏"引线"未勾选,如图 5-1-3 所示。

图 5-1-3

2.门、窗只有在墙体上才会显示,移动鼠标指针至 A 轴外墙 3 轴、4 轴间单击鼠标 1 次,按键盘 Esc 键 2 次退出当前命令,再次单击已放置的门,调整门的位置为居中,同样方法在 A 轴外墙 5 轴、6 轴中间再放置一块门 M1524,如图 5-1-4 所示。

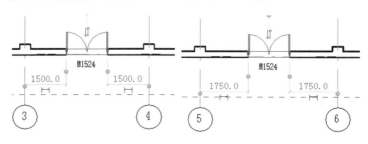

图 5-1-4

✂ **小技巧**:调整门的位置尺寸时,需拖拽临时尺寸标注线上的小蓝点至指定位置。

3.如果放置门、窗时没有激活"在放置时进行标记"命令,可切换至【注释】选项卡,在【标记】面板选择【按类别标记】后单击需要标记的门、窗,即可完成标记,如图 5-1-5 所示。

图 5-1-5

✂ **小技巧**:按类别标记命令,需要依次单击未标记的构件,如果需要一次性标注多个门、窗或房间面积,可以使用"全部标记"命令,在对话框选中需要标记的构件类型,即可一次性完成标记。

4.单击【属性】面板【编辑类型】,进入"类型属性"对话框,选择 1500×2100 mm 门复制,重命名为"M1521",确认"功能"为"内部",修改"类型参数"下面的"类型标记"为"M1521",确认激活"在放置时进行标记"命令,将 M1521 放置于 C 轴的 3-4 轴内墙中间位置。按键盘 Esc 键 2 次,退出当前命令。完成 F1 层双扇门的放置。

5.1.3 定义 F1 层单扇平开门

1.单击【建筑】→【构建】→【门】,进入"修改|放置 门"界面。

2.单击【属性】面板中的【编辑类型】,进入"类型属性"对话框,单击"载入",选择学习资料第 5 章族文件中的"单扇平开门",如图 5-1-6 所示,确认修改 M0921"类型"参数"类型标记"为"M0921"。单击"确定"回到放置门界面。

图 5-1-6

5.1.4　放置 F1 单扇平开门

1. 移动鼠标指针至 2-3 轴间内墙 B-C 段距离 B 轴 1200 处后单击左键,放置 M0921,也可随机放置门后,再通过修改门的临时尺寸标注,精确定位门的位置。

2. 单击放置好的门 M0921,发现门标记 M0921 方向垂直墙体方向,移动鼠标选中 M0921 标记文字,修改选项栏"门标记"中"方向"为"垂直",即可实现对门标记方向的修改,如图 5-1-7 所示。拖动门标记的指针可以定位标记符号至适当位置。

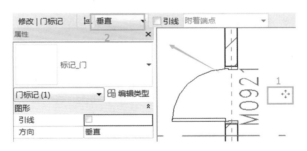

图 5-1-7

3. 单击放置后的门会出现 2 个双向箭头,分别为"翻转实例面"和"翻转实例开门方向",如图 5-1-8 所示。通过翻转符号确定好门的方向,按键盘 Esc 键 2 次,退出当前命令。

图 5-1-8

4.再次进入门放置命令,移动鼠标指针至 2-3 轴间内墙 A-B 段距离 B 轴 200 处单击左键,放置 M0921。

5.选择【属性】面板的 M1021,修改类型参数的"类型标记"为"M1021",放置于 4 轴 C-D 段轴线处,通过翻转箭头调整门的开启方向和开门方向。F1 楼层门放置完成后如图 5-1-9 所示。保存项目文件至指定位置。

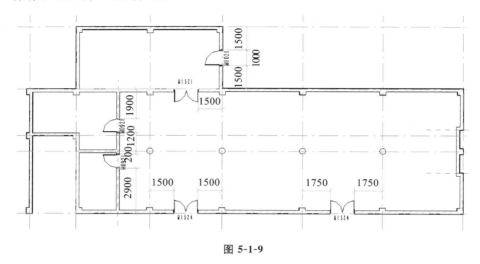

图 5-1-9

✎ **小技巧**:在平面图中插入门、窗时,使用键盘的 S、M 键,门、窗会自动定义在所选墙体的中心位置。

5.2　添加 F1 窗

添加窗的一般思路:单击【建筑】选项卡【构建】面板的【窗】命令,单击【属性】面板【编辑类型】进入"类型属性"对话框,选择合适的窗"族"与"类型",修改"类型参数"值,确认【属性】面板的实例属性值为"底高",在墙上合适的位置添加窗。

添加 F1 窗

5.2.1　添加 F1 双扇推拉窗

1.打开上节完成的项目文件"5.1 添加 F1 门",另存为"5.2 添加 F1 窗"。单击【建筑】选项卡【构建】面板的【窗】,进入"修改|放置 窗"界面。

2.单击【属性】面板【编辑类型】,进入"类型属性"对话框,单击"载入",找到教学资料第 5 章"门窗"文件→"族文件"→"带亮双扇窗"族文件,单击"确定"退出"类型属性"对话框,即将外部窗族文件载入项目,可见【属性】面板当前族类型为"带亮双扇窗 C1015",下拉三角符号可见其他族类型,如 C1215、C1818-1、C1818-2。修改 C1015"类型"参数的"类型标记"为"C1015"。

3.确认属性框 C1015"底高度"为"2500.0",如图 5-2-1 所示,确认激活【标记】面板中的"在放置时进行标记",移动鼠标指针至 1 轴 1/B-B 段外墙处,单击鼠标左键,此时会弹出如图5-2-2所示对话框,单击 关闭当前对话框。按键盘 Esc 键 2 次退出当前命令。

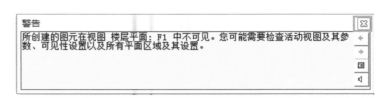

图 5-2-1   图 5-2-2

4. F1 楼层平面视图不可见窗 C1015,是因为受视图范围的影响。在无命令状态下,拖拽【属性】面板下拉三角符号,直至出现如图 5-2-3 所示"视图范围",单击"编辑"命令,进入"视图范围"对话框,修改"顶"高为"4000.0",修改"剖切面"为"2650.0",如图 5-2-4 所示。单击"确定",回到绘图界面,可见 C1015。

图 5-2-3   图 5-2-4

5. 单击 C1015,修改距 1/B 轴临时尺寸数据为"200.0",完成 C1015 窗的编辑与放置。

6. 选择【属性】面板 C1215,修改 C1215 类型参数的"类型标记"为"C1215",修改实例属性值"底高度"为"2500.0",确认激活【标记】面板中的"在放置时进行标记",放置于 1 轴外墙 1/B 至 C 轴外墙处,修改距离下边 1/B 轴临时尺寸为"200.0"。

> ✎ **小技巧**:移动鼠标至窗标记 C1215,当标记"C1215"呈蓝色显示时,单击鼠标左键,可拖动标记至适当位置。

7. 选择【属性】面板 C1818-2,修改 C1818-2 类型参数的"类型标记"为"C1818-2",修改"底高度"为"900.0",确认激活"标记"面板中的"在放置时进行标记",如图 5-2-5 所示,放置好外墙上 6 扇 C1818-2 窗和内墙上 1 扇 C1818-1(底高 900)。

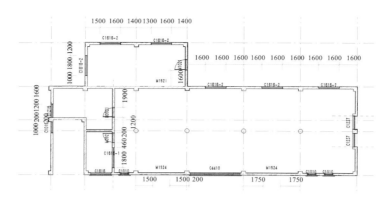

图 5-2-5

5.2.2 添加 F1 其他窗

1.按照上节所述方法,继续载入教学文件第 5 章"门窗"文件夹→"族文件"→"C1818、C1010、C4410、C1237"族文件,单击"确定"退出"类型属性"对话框,分别设置 C1818"底高度"为"1600.0",C1010 底高度为"2500.0",C4410"底高度"为"2600.0",C1237"底高度"为"300.0"。对应修改好各窗的"类型标记"参数为窗名称。按图 5-2-6 所示尺寸放置以上窗。

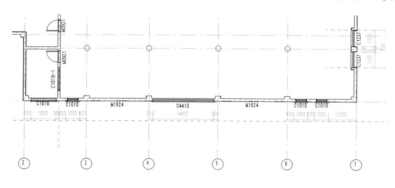

图 5-2-6

2.确认所有窗均有标记,修改【属性】面板【视图范围】中"剖切面"的偏移量值为"1200.0",完成 F1 楼层窗的放置,如图 5-2-7 所示。保存项目文件至指定位置。

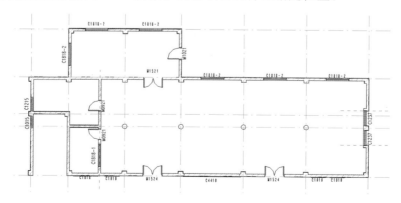

图 5-2-7

添加 F2 层
门、窗

5.3　添加 F2 层门、窗

5.3.1　复制 F1 层门、窗至 F2

　　1.打开上节项目文件"5.2 添加 F1 窗",另存为"5.3 添加 F2 门窗"。进入
F1 楼层平面视图,按住键盘 Ctrl 键,点选图 5-3-1 中所框选的门窗,单击【修改】选项卡【剪贴
板】面板的复制命令 ,并粘贴至"与选定标高对齐"的 F2 楼层,切换视图至 F2 楼层平面图。

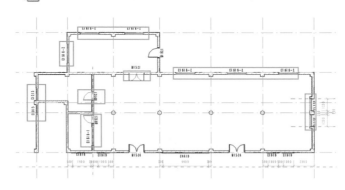

图 5-3-1

　　2.复制完成的 F2 楼层视图如图 5-3-2 所示,可见复制完成的门窗无门窗标记。单击【注
释】选项卡【标记】面板的【全部标记】,如图 5-3-3 所示,在弹出的标记对话框中选择"窗标记"
和"门标记",单击"应用"后"确定",即可完成所有门、窗的标记。

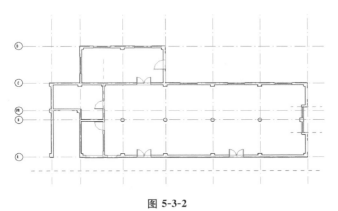

图 5-3-2

图 5-3-3

　　♡ 提示:门、窗标记符号不可复制生成。

5.3.2　添加 F2 层其他门、窗

　　1.移动鼠标至 4 轴 C-D 段外墙处,于中间位置放置窗 C1818-2,退出当前命令。
　　2.在 A 轴外墙处,按图 5-3-4 所示,依次添加 2 扇 M1521 门,3 扇 C1818-1 窗,注意修改
窗的实例属性"底高度"为"900.0",确认修改门窗的"类型标记"参数为门窗名称。

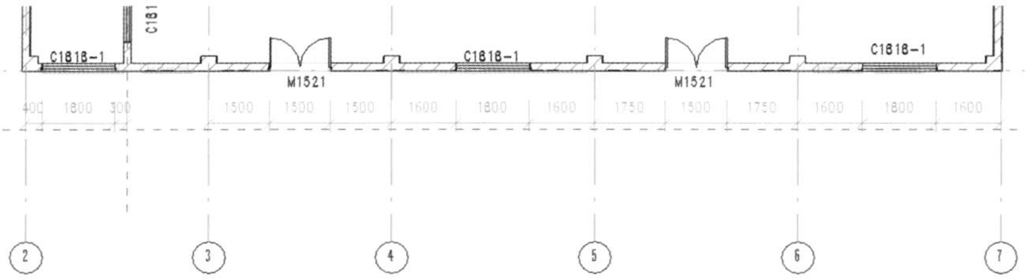

图 5-3-4

3. 切换至三维视图，按住键盘 Ctrl 键，同时选中 F2 层 1 轴上的两扇窗户，在【属性】面板修改其"底高度"为"1800.0"，单击"应用"，退出当前命令，如图 5-3-5 所示。通过【全部标记】命令完成对窗的标记添加。

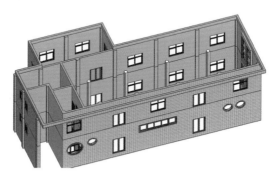

图 5-3-5

4. 完成所有门窗的位置核对及尺寸核对，如图 5-3-6 所示。保存当前项目文件至指定位置。

图 5-3-6

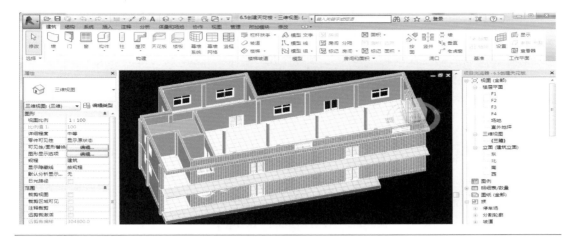

第6章　楼板、天花板的创建

教学目标

通过本章的学习，了解建筑楼板、结构楼板、面楼板、楼板边缘的区别，熟悉具有坡度的楼板的创建方法，掌握本项目楼板和天花板的创建方法。

教学要求

能 力 目 标	知 识 目 标	权　重
了解建筑楼板、结构楼板、面楼板、楼板边缘	(1)楼板：建筑； (2)楼板：结构； (3)楼板：面； (4)楼板：楼板边缘	10%
熟悉坡度楼板的创建	(1)创建坡度楼板； (2)编辑坡度楼板； (3)熟悉墙体的附着和分离	20%
掌握楼板和天花板的创建	(1)类型的创建和编辑； (2)F1楼层楼板、天花板的创建； (3)F2楼层楼板、天花板的创建	70%

在 Revit Architecture 里，楼板分为建筑楼板、结构楼板、面楼板和楼板边缘，建筑楼板与结构楼板的区别在于是否进行结构受力分析，在绘制方法上二者没有区别，本书以建筑楼板为例讲解楼板的创建及编辑。楼板边缘主要用于生成一些楼板的附属设施，比如室外楼板的台阶等。面楼板主要用于体量楼层的楼板创建。天花板的创建主要有自动创建和绘制创建两种方法，本章介绍基于墙体自动生成距平面一定高度的天花板图元。

6.1 添加 F1 室内楼板

添加 **F1** 室内
楼板

6.1.1 添加休息室楼板

1. 打开上章完成的"5.3 添加 F2 门窗"项目文件，另存为"6.1 添加 F1 室内楼板"项目文件，切换为 F1 楼层平面视图。

2. 单击【建筑】选项卡→【构建】面板→【楼板】工具下拉列表，在列表中选择"楼板:建筑"命令，进入"修改|创建楼层边界"界面，如图 6-1-1 所示。

图 **6-1-1**

♡提示：楼板绘制界面需要点击"完成编辑模式" ✔ 或者"取消编辑模式" ✘ 才能退出当前命令，否则无法进行下一命令的操作。

3. 单击【属性】面板→【编辑类型】，进入"类型属性"对话框，选择族"类型"为"常规-150 mm-实心"并复制，命名为"教工之家-F1 室内楼板"，确认"类型参数"中的"功能"为"内部"，"图形"中的"粗略比例填充样式"为"实体填充"，如图 6-1-2 所示。

图 **6-1-2**

4.单击"类型参数"中"结构"后面的"编辑"按钮,进入楼板的"编辑部件"对话框,单击左下角的"预览",打开左侧预览对话框。

5.单击第二行"结构 1",修改其"厚度"为"120.0",单击"材质"单元格,进入"材质浏览器",搜索"钢筋混凝土"将该材质复制,重命名为"教工之家-楼板钢筋混凝土",并确认其"截面填充图案"为"钢筋混凝土"图例,如图 6-1-3 所示。单击"确定"按钮返回"编辑部件"对话框。

图 6-1-3

6.单击"插入"命令,在【核心边界】→【包络上层】上面插入一层"衬底[2]"层,修改其"厚度"为"20.0",修改其"材质"为"教工之家-楼板水泥砂浆"。

7.继续单击"插入"命令,在"衬底"上添加一层"面层 1[4]",修改其"厚度"为"10.0",单击"材质"单元格,搜索"大理石",打开"显示/隐藏库面板",添加"大理石"至上部面板并复制,重命名为"教工之家-室内楼板大理石",确认修改其"图形"参数,如图 6-1-4 所示,单击"确定"返回"编辑部件"对话框。

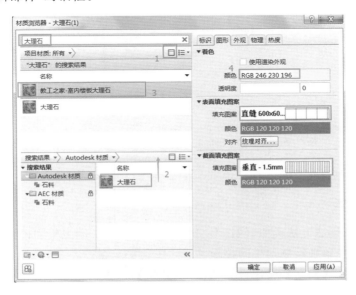

图 6-1-4

8. 确认"编辑部件"对话框的材质构造层,如图 6-1-5 所示,勾选"结构层"的"结构材质",单击"确定"后再次单击"确定",返回楼板绘制界面。

层

	功能	材质	厚度	包络	结构材质	可变
1	面层 1 [4	教工之家-室内楼板大理石	10.0			
2	衬底 [2]	教工之家-楼板水泥砂浆	20.0			
3	**核心边界**	**包络上层**	**0.0**			
4	结构 [1]	教工之家-楼板钢筋混凝土	120.0		✓	
5	**核心边界**	**包络下层**	**0.0**			

图 6-1-5

♥提示:如果需要楼板某一构造层的厚度可变,勾选该功能层后的"可变"即可。

9. 确认选项栏中的"偏移量"为"0.0",勾选"延伸到墙中"。

10. 楼板边界线的绘制可以选用不同线型,这里主要讲述"直线""拾取墙""拾取线"等命令。确认系统默认绘制方式"拾取墙",移动鼠标至绘图区域,分别单击鼠标左键拾取"休息室"的四道墙体,如图 6-1-6 所示。

♥提示:在 Revit 里,所有轮廓边界线均为紫红色线条,要求必须为单条、连续、闭合、不重叠、不相交、不断开的线条,才能完成编辑。

11. 单击"完成编辑模式"按钮,会弹出如图 6-1-7 所示对话框,单击"是",完成对休息室楼板的绘制。

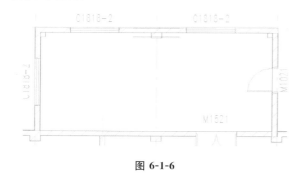

图 6-1-6

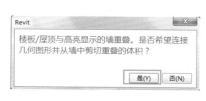

图 6-1-7

♥提示:选择从墙中剪切重叠的体积,可以随时通过"修改"选项卡中的"连接几何图形"修改墙与楼板的连接关系。

6.1.2　添加其他标高为±0.00 的楼板

同休息室楼板创建方法类似,创建 F1 层其他房间楼板。因卫生间楼板面比其他房间楼板面标高要低,需要单独绘制卫生间楼板。

1. 单击【建筑】→【构建】→【楼板】→【楼板:建筑】,进入"修改|创建楼板边界"界面。确认【属性】面板中的楼板"类型"为"教工之家-F1 室内楼板","标高"为"F1","自标高的高度偏移"值为"0.0"。

2.确认【绘制】面板【边界线】方式为"拾取墙",确认选项栏中"偏移"值为 0,勾选"延伸到墙中"。如图 6-1-8 所示,依次拾取墙体,生成楼板边界轮廓。

图 **6-1-8**

小技巧:拾取墙体生成楼板边界轮廓线时,同一方向的墙体只拾取一次,以免造成轮廓线的重叠。

3.利用"修剪/延伸为角"命令,修剪边界轮廓线,如图 6-1-9 所示。注意,除与卫生间相连的部分边界线为核心层内边界线外,其他边界线均为外墙核心层外边界线,以保证内墙处门洞开口处也生成同类型楼板。

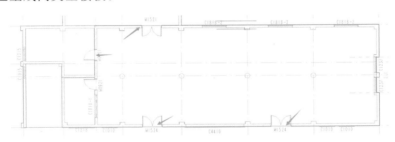

图 **6-1-9**

4.单击面板中的"完成编辑模式"按钮,在弹出的"是否希望连接几何图形并从墙中剪切重叠的体积"对话框中,单击"是",完成楼板编辑。

5.若弹出如图 6-1-10 所示"是否希望将高达此楼层标高的墙附着到此楼层的底部"的提示,选择"否",不需要附着墙到楼板底部。

图 **6-1-10**

6.1.3　绘制卫生间楼板

使用类似方法,创建"教工之家"F1 层卫生间楼板。注意卫生间楼板标高比其他地方标高低 50 mm。

1.使用"楼板"工具,进入"修改|创建楼层边界"界面。单击【属性】面板【编辑类型】,进入"类型属性"对话框,复制"教工之家-F1 室内楼板",重命名为"教工之家-F1 卫生间楼板"。

2.单击"类型参数"的"结构"参数的"编辑"按钮,进入"编辑部件"对话框。单击第 1 层"面层 1[4]"的"材质"单元格,进入"材质浏览器"。按图 6-1-11 所示,设置"蓝色马赛克"材质为"教工之家-卫生间蓝色马赛克地面",修改其"图形"参数,单击"确定"回到"编辑部件"对话框。

图 6-1-11

3. 按图 6-1-12 所示，勾选第 1 层"面层 1[4]"后的"可变"，以实现卫生间面层找坡的目的。单击"确定"按钮 2 次回到创建楼板边界界面。

层

	功能	材质	厚度	包络	结构材质	可变
1	面层 1 [4]	教工之家-卫生	10.0			☑
2	衬底 [2]	教工之家-楼板	20.0			
3	**核心边界**	**包络上层**	**0.0**			
4	结构 [1]	教工之家-楼板	120.0		✓	
5	**核心边界**	**包络下层**	**0.0**			

图 6-1-12

4. 确认选项栏中"偏移"值为"0.0"，勾选"延伸到墙中"。修改【属性】面板"自标高的高度偏移"为"—50.0"，单击"应用"按钮，完成对卫生间楼板的参数设置。

5. 确认【绘制】面板【边界线】绘制方式为"拾取墙"，移动鼠标至绘图区域，依次拾取卫生间所有墙体边界线，并修剪所有边界线为首尾相连，如图 6-1-13 所示，单击面板中的"完成编辑模式"按钮，在弹出的"是否希望连接几何图形并从墙中剪切重叠的体积"对话框中，单击"是"，完成楼板编辑。保存项目文件至指定目录。

♡ **提示**：在 Revit Architecture 里，同一平面楼板间存在高差时，在不同高度楼板连接处会有一条分隔线，称为"拦水线"，如图 6-1-14 所示。

图 6-1-13

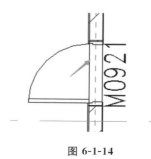

图 6-1-14

6.2　添加 F2 室内楼板

6.2.1　复制生成 F2 室内楼板

1.打开上节完成的"6.1 添加 F1 室内楼板"项目文件,另存为"6.2 添加 F2 室内楼板"项目文件,切换为 F1 楼层平面视图。

2.从左上至右下用鼠标框选所有构件,单击【选择】面板的【过滤器】,在弹出的"过滤器"对话框中至勾选"楼板",单击"确定"完成对 F1 层楼板的选择。

3.单击【剪贴板】的"复制到剪贴板"按钮,激活"粘贴"命令,打开"粘贴"按钮的下拉三角符号,选择"与选定的标高对齐",在弹出的"选择标高"对话框选择"F2",单击"确定",将 F1 的楼板复制到 F2。

6.2.2　设置 F2 室内楼板附着天花材质

1.单击【项目浏览器】→【楼层平面】→"F2",将视图切换至 F2 楼层平面。按住键盘 Ctrl 键,选中除卫生间以外的 2 块楼板,单击【属性】面板【编辑类型】,进入"类型属性"对话框。

2.复制"教工之家-F1 室内楼板"为名称为"教工之家-F2 室内楼板"的新楼板类型,打开"结构"参数的"编辑部件"对话框。

3.单击"插入",插入第 6 行,修改其"功能"为"衬底[2]",修改"材质"为"教工之家-楼板水泥砂浆",修改"厚度"为"20.0"。

4.再次插入第 7 行,修改"功能"为"面层 2[5]",修改其"厚度"为"10.0",单击"材质"单元格,利用"教工之家-内墙白色涂料"复制为"教工之家-楼板白色涂料",如图 6-2-1 所示。

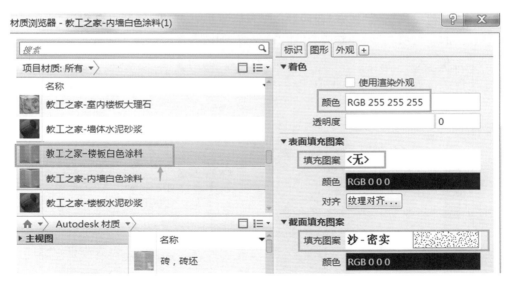

图 6-2-1

5.单击"确定",完成 F2 楼板材质的赋予,如图 6-2-2 所示。单击"确定"按钮 2 次,返回主界面,完成对 F2 室内楼板底部附着天花材质的赋予。保存项目文件至指定目录。

层

	功能	材质	厚度	包络	结构材质	可变
1	面层 1 [4]	教工之家-室内楼板大理石	10.0			
2	衬底 [2]	教工之家-楼板水泥砂浆	20.0			
3	**核心边界**	**包络上层**	**0.0**			
4	结构 [1]	教工之家-楼板钢筋混凝土	120.0		✓	
5	**核心边界**	**包络下层**	**0.0**			
6	衬底 [2]	教工之家-楼板水泥砂浆	20.0			
7	面层 2 [5]	教工之家-楼板白色涂料	10.0			

图 6-2-2

6.3 创建室外楼板

创建室外
楼板

6.3.1 创建 F1 室外楼板

1. 打开上节完成的"6.2 添加 F2 室内楼板"项目文件，另存为"6.3 添加室外楼板"，切换至 F1 楼层平面视图。

2. 使用"楼板"工具，进入"修改│创建楼板边界"界面。单击【属性】面板【编辑类型】，进入"类型属性"对话框，以"教工之家-F1 室内楼板"复制出名称"教工之家-F1 室外楼板"的新楼板类型。

3. 打开"结构"参数的"编辑部件"对话框，修改第 4 行"结构[1]"的"厚度"为"550.0"；修改第 2 行"衬底[2]"的"厚度"为"30.0"；修改第 1 行"面层 1[4]"的"厚度"为"20.0"，单击"材质"单元格，在"材质浏览器"搜索"瓷砖"，以"瓷砖，瓷器，6 英寸"复制出名称为"教工之家-室外楼板瓷砖"的新材质类型，并修改其"图形"参数，如图 6-3-1 所示。

图 6-3-1

4. 单击"确定"，完成对 F1 室外楼板材质赋予，如图 6-3-2 所示。单击"确定"返回"编辑部件"对话框，修改"功能"参数为"外部"。单击"确定"返回楼板边界编辑界面。

	功能	材质	厚度	包络	结构材质	可变
1	面层 1 [	教工之家-室外楼板瓷砖	20.0	☐	☐	☐
2	衬底 [2]	教工之家-楼板水泥砂浆	30.0	☐	☐	☐
3	**核心边界**	**包络上层**	**0.0**			
4	结构 [1]	教工之家-楼板钢筋混凝土	550.0	☐	☐	☑
5	**核心边界**	**包络下层**	**0.0**			

图 6-3-2

5.确认选项栏中"偏移"值为"0.0",勾选"延伸至墙中"。修改【属性】面板"自标高的高度偏移"为"－50.0",单击"应用"按钮。

6.确认楼板【边界线】绘制面板选择"矩形 ▭"命令,如图 6-3-3 所示,分别在 A 轴与 1 轴交点处沿外墙核心层外边界线绘制一宽度为 1500,至 6 轴与 4 号参照平面交点处结束的第 1 个矩形轮廓边界。再在 4 轴 C-D 段外墙中间位置绘制一个 1400×900 的矩形轮廓边界。单击面板中的"完成编辑模式"按钮,按键盘 Esc 键 1 次,完成对 F1 室外楼板的创建。

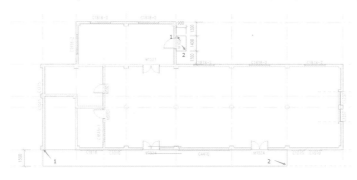

图 6-3-3

6.3.2　创建 F1 室外空调板

1.使用"楼板"工具,进入"修改|创建楼板边界"界面。单击【属性】面板【编辑类型】,进入"类型属性"对话框,以"教工之家-F1 室内楼板"复制出名称为"教工之家-F1 室外空调板"的新楼板类型。

2.进入"编辑部件"对话框,修改空调板"材质",如图 6-3-4 所示。单击"确定"返回"编辑

族:　　　　楼板
类型:　　　　教工之家-F1室外空调板
厚度总计:　　100.0 (默认)
阻力(R):　　0.1015 (m²·K)/W
热质量:　　　13.92 kJ/K
层

	功能	材质	厚度	包络	结构材质	可变
1	面层 1 [4]	教工之家-F1外墙黄色瓷砖	10.0	☐	☐	☐
2	**核心边界**	**包络上层**	**0.0**			
3	结构 [1]	教工之家-楼板钢筋混凝土	80.0	☐	☑	☐
4	**核心边界**	**包络下层**	**0.0**			
5	面层 1 [4]	教工之家-F1外墙黄色瓷砖	10.0	☐	☐	☐

图 6-3-4

图 6-3-5

部件"对话框,修改"功能"参数为"外部",单击"确定"返回楼板边界编辑界面。

3. 确认选项栏中"偏移"值为"0.0",勾选"延伸到墙中"。修改【属性】面板"标高"为"F1","自标高的高度偏移"为"4100.0",如图 6-3-5 所示,单击"应用"按钮。

4. 确认楼板【边界线】绘制面板选择"矩形 ▭"命令,以 4 轴与 C 轴交点为矩形框第 1 个对角点,向右延伸至 7 轴与 C 轴交点往上 500 处,定为矩形框第 2 个对角点,如图 6-3-6 所示。

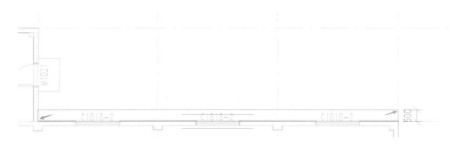

图 6-3-6

5. 单击面板中的"完成编辑模式"按钮,按键盘 Esc 1 次,完成对 F1 室外空调板的创建。

♡提示:由于"视图范围"的设置,此处绘制的 F1 室外空调板在当前视图下不可见,可以通过修改"视图范围"的数据查看空调板的平面位置。

6. 切换至三维视图,选择"F1 室外空调板"复制至"剪贴板",选择"与选定的标高对齐"粘贴至标高 F2。

7. 打开"类型属性"对话框,以"教工之家-F1 室外空调板"复制生成"教工之家-F2 室外空调板",进入"编辑部件"对话框。按图 6-3-7 所示,分别修改第 1 行和第 5 行的"材质"为"教工之家-F2 以上外墙蓝色瓷砖"。单击"确定"按钮 2 次返回主界面。如图 6-3-8 所示,完成对 F2 室外空调板的编辑。

族:	楼板
类型:	教工之家-F2室外空调板
厚度总计:	100.0 (默认)
阻力(R):	0.1015 (m² · K)/W
热质量:	13.92 kJ/K

层

	功能	材质	厚度	包络	结构材质	可
1	面层 1 [4]	教工之家-F2以上外墙蓝色瓷砖	10.0	☐	☐	☐
2	**核心边界**	**包络上层**	**0.0**			
3	结构 [1]	教工之家-楼板钢筋混凝土	80.0		☑	☐
4	**核心边界**	**包络下层**	**0.0**			
5	面层 1 [4]	教工之家-F2以上外墙蓝色瓷砖	10.0	☐	☐	☐

图 6-3-7

图 6-3-8

6.3.3　创建 F2 室外走道板

1.切换视图至 F2 楼层平面视图。使用"楼板"工具,进入"修改|创建楼层边界"界面。单击【属性】面板【编辑类型】,进入"类型属性"对话框,以"教工之家-F1 室外楼板"复制出名称"教工之家-F2 室外走道板"的新楼板类型。

2.单击"编辑"参数进入"编辑部件"对话框。修改第 1 行"面层 1 [4]"的"厚度"为"10.0",第 2 行"衬底 [2]"的"厚度"为"20.0",第 4 行"结构 [1]"的"厚度"为"120.0"。

3.单击"插入"按钮,按图 6-3-9 所示,依次插入第 6 行"衬底 [2]","材质"为"教工之家-楼板水泥砂浆","厚度"为"20.0";第 7 行"面层 1 [4]","材质"为"教工之家-楼板白色涂料","厚度"为"10.0"。

族：　　　　　　楼板
类型：　　　　　教工之家-F2室外走道板
厚度总计：　　　180.0（默认）
阻力(R)：　　　0.1231 (m²·K)/W
热质量：　　　　18.43 kJ/K

层

	功能	材质	厚度	包络	结构材质
1	面层 1 [4]	教工之家-室外楼板瓷砖	10.0		
2	衬底 [2]	教工之家-楼板水泥砂浆	20.0		
3	**核心边界**	**包络上层**	**0.0**		
4	结构 [1]	教工之家-楼板钢筋混凝土	120.0		✓
5	**核心边界**	**包络下层**	**0.0**		
6	衬底 [2]	教工之家-楼板水泥砂浆	20.0		
7	面层 1 [4]	教工之家-楼板白色涂料	10.0		

图 6-3-9

4.单击"确定"2 次返回楼板边界编辑界面。确认选项栏中"偏移"值为"0.0",勾选"延伸到墙中"。修改【属性】面板【标高】为"F2","自标高的高度偏移"为"—50.0",单击"应用"按钮。

5.确认楼板【边界线】绘制面板选择"矩形 ▱"命令,以 A 轴与 1 轴交点为矩形框第 1 个对角点,向右延伸至 7 轴与 4 号参照平面交点,定为矩形框第 2 个对角点,如图 6-3-10 所示。

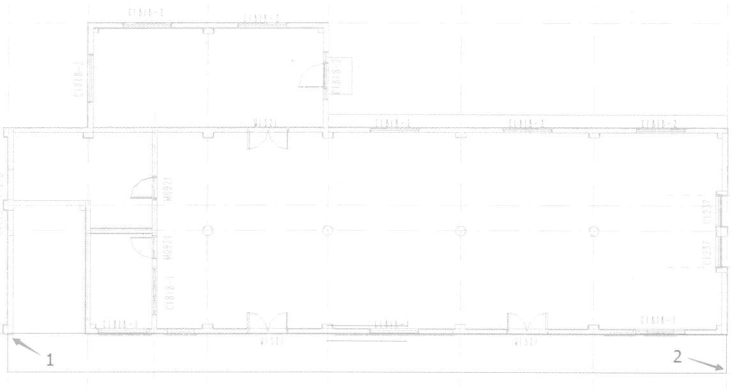

图 6-3-10

6.单击面板中的"完成编辑模式"按钮,在弹出的"是否希望将高达此楼层标高的墙附着到此楼层的底部"对话框中,选择"否"。按键盘 Esc 1 次,完成对 F2 室外走道板的创建。

6.3.4 创建雨棚板

1.切换视图至 F1 楼层平面视图。使用"楼板"工具,进入"修改|创建楼层边界"界面。单击【属性】面板【编辑类型】,进入"类型属性"对话框,以"教工之家-F1 室外空调板"复制出名称为"教工之家-雨棚板"的新楼板类型。

2.单击"结构"参数的"编辑"按钮,修改第 1 行"面层 1[4]"的"材质"为"教工之家-楼板水泥砂浆",修改第 5 行"面层 2[5]"的"材质"为"教工之家-楼板白色涂料",如图 6-3-11 所示,单击"确定"2 次返回楼板边界编辑界面。

3.确认选项栏中"偏移"值为"0.0",勾选"延伸到墙中"。修改【属性】面板【标高】为"F1","自标高的高度偏移"为"3000.0",单击"应用"按钮。

4.确认楼板【边界线】绘制面板选择"矩形 ▢"命令,以 4 轴与 D 轴交点往下 1200 处为矩形框第 1 个对角点,绘制一个 1300×1600 的矩形轮廓,如图 6-3-12 所示。

族：	楼板
类型：	教工之家-F1雨棚板
厚度总计：	100.0（默认）
阻力(R)：	0.0000（m²·K)/W
热质量：	0.00 kJ/K

层

	功能	材质	厚度	包络	结构材质	可变
1	面层 1 [4]	教工之家-楼板水泥砂浆	10.0			
2	**核心边界**	**包络上层**	**0.0**			
3	结构 [1]	教工之家-楼板钢筋混凝	80.0		✓	
4	**核心边界**	**包络下层**	**0.0**			
5	面层 2 [5]	教工之家-楼板白色涂料	10.0			

图 6-3-11

图 6-3-12

5.单击面板中的"完成编辑模式"按钮,因"视图范围"的设置参数在当前视图下不可见

雨棚板,可切换至三维视图查看构件。保存当前项目文件至指定位置。

创建带有坡
度的斜楼板

6.4　创建带有坡度的楼板

建筑楼板在一般情况下均为水平楼板,当出现较小的排水坡度时,可以通过在"编辑部件"对话框里,勾选某一构造层次为"可变"达到较小找坡的需求。本节主要介绍形成倾斜楼板的方法,及斜楼板与周边墙体的附着方法。

6.4.1　编辑斜楼板

1.打开学习资料第 6 章中的"6.4 斜楼板练习样本",另存为"6.4 斜楼板完成",切换视图至三维模式,可见该建筑主体南面有一个入户门斗。

2.在三维视图模式下,选中门斗顶部楼板,切换视图至 F1,视图进入"修改|楼板"界面,单击【模式】面板的【编辑边界】命令,如图 6-4-1 所示,视图切换至"修改|楼板>编辑边界"界面,门斗顶部楼板轮廓线处于可编辑状态。

3.单击【绘制】面板的【坡度箭头】命令,如图 6-4-2 所示,切换至坡度箭头绘制模式,设置绘制方式为"直线",确认选项栏中的"偏移量"为"0.0"。

图 6-4-1

图 6-4-2

4.移动鼠标至楼板上侧边界线位置,捕捉边界线中间任意位置单击左键,确定为坡度箭头的起点。左手按住键盘 Shift 键,沿垂直方向向下移动鼠标,捕捉到下侧边界线时单击左键,完成坡度箭头的绘制。如图 6-4-3 所示。

5.【属性】面板会切换至坡度箭头"草图"属性,坡度的"指定"方式有"尾高"和"坡度"两种方式。如图 6-4-4 所示,修改"指定"方式为"尾高",即通过指定坡度箭头首、尾高度的形式定义坡度箭头。修改"尾高度偏移"为"300.0",单击"应用"按钮。

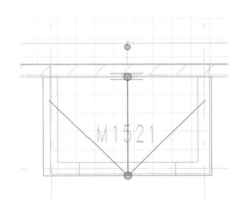

图 6-4-3

图 6-4-4

6.单击"完成编辑模式"按钮完成楼板。在弹出的"是否希望将高达此楼层标高的墙附着到此楼层的底部"对话框中选"否"。切换至三维视图,可见如图6-4-5所示效果。按键盘Esc键退出当前命令。

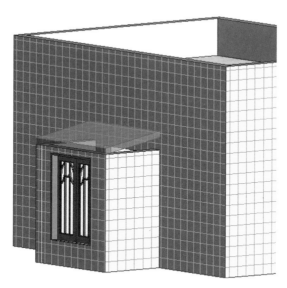

图 6-4-5

💗**提示**:此步骤若在弹出的"是否希望将高达此楼层标高的墙附着到此楼层的底部"对话框中选"是",即可直接将斜楼板下的墙体自动附着到斜楼板底部。本书为便于介绍墙体"附着"命令,选择"否"。

6.4.2　墙体附着

当墙体与顶部或底部水平连接构件未相连时,可以通过【修改墙】面板的"附着"命令来形成。"附着"命令随着相邻的楼板的改变,会自动取消附着关系。

1.在三维视图下,将鼠标移至门斗处任一面墙体,按住键盘 Tab 键,当门斗的三面墙体均呈蓝色显示时,单击鼠标左键,即可实现同时选中三段墙体。

2.自动切换至"修改|墙"界面,单击【修改墙】面板的"附着顶部/底部"命令,如图 6-4-6 所示,此时选项栏默认"附着墙"为"顶部",如图 6-4-7 所示。

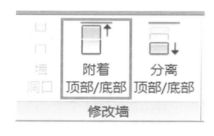

图 6-4-6

修改 | 墙　　附着墙: ⦿ 顶部　○ 底部

图 6-4-7

3.依据状态栏提示,移动鼠标至斜楼板,单击左键,即可实现墙体顶部与斜楼板的自动附着,如图 6-4-8 所示。

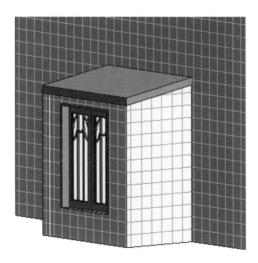

图 6-4-8

> 小技巧：墙体与楼板的连接可以通过"附着"和"墙体轮廓编辑"两种方式形成，但"附着"墙体会随着相连的楼板改变而自动失去附着关系，"编辑轮廓编辑"则不会。

4.通过切换选项栏中"附着墙"的"顶部"或"底部"可分别实现墙体与上下楼板的连接。通过【修改墙】面板的"分离顶部/底部"实现对已经附着墙体的重新分离。保存项目文件至指定目录，完成对斜楼板与墙体的附着。

6.5　创建天花板

创建天花板

在 Revit Architecture 里，提供了"自动创建天花板"和"绘制天花板"两种方法，一般封闭空间可直接使用"自动创建天花板"。

6.5.1　创建 F1 天花板

1.打开上节完成的"6.3 添加室外楼板"项目文件，另存为"6.5 创建天花板"，切换为 F1 楼层平面视图。

2.单击【建筑】→【构建】→【天花板】，进入"修改|放置 天花板"界面。如图 6-5-1 所示。

图 6-5-1

3.单击【属性】面板【编辑类型】，进入"类型属性"对话框，复制"系统族：复合天花板"中的"600×600 轴网"，重命名为"教工之家-卫生间 600×600 轴网天花板"。

4.单击"确定"按钮返回创建天花板界面。确认【属性】面板实例属性值"标高"为"F1"，修改"自标高的高度偏移"值为"3000.0"，单击"应用"按钮。

5.确认激活"自动创建天花板"命令，移动鼠标至卫生间位置，可见卫生间四周墙体核心层内边界线处形成一圈闭合的浅粉色线框，如图 6-5-2 所示，单击鼠标左键，完成对卫生间天花板的创建。

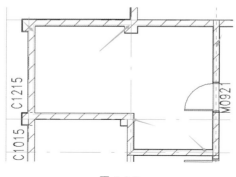

图 6-5-2

6.此时会弹出如图 6-5-3 所示对话框，单击 ![X]，关闭该对话框。可通过【属性】面板"视图范围"参数的调整来实现 F1 天花板的可见。

图 6-5-3

7.按键盘 Esc 键退出当前命令。切换至三维视图，勾选【属性】面板【剖面框】命令，移动鼠标至绘图区域剖面框线框上，点击线框激活剖面框的编辑，如图 6-5-4 所示，剖切至可见绘制完成的天花板即可。

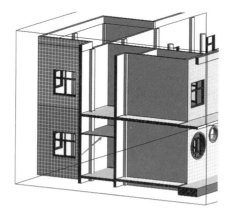

图 6-5-4

6.5.2　复制生成 F2 天花板

单击创建完成的 F1 天花板，将其复制到"剪贴板"，再通过"与选定的标高对齐"将其复制到 F2，完成对"教工之家"卫生间天花板的创建。按键盘 Esc 键退出当前命令，退出"剖面

框"命令,保存该项目文件至指定目录。

6.6 真题练习

根据图 6-6-1,图 6-6-2,图 6-6-3 中给定的尺寸及详图大样新建楼板,顶部
所在标高为±0.000,命名为"卫生间楼板",构造层次保持不变,水泥砂浆进行
放坡,并创建洞口,洞口直径 60,请将模型以"楼板"为文件名并保存到考生文
件夹中。(20 分)(BIM 等级考试第四期第二题)

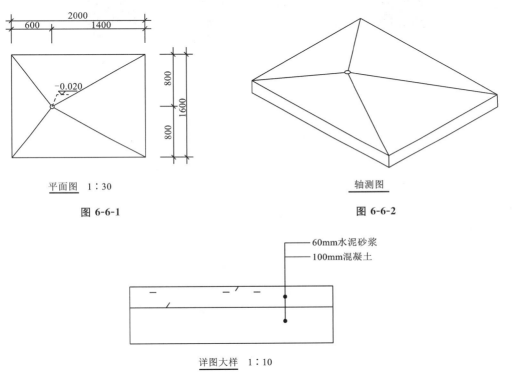

平面图 1∶30

图 6-6-1

轴测图

图 6-6-2

60mm水泥砂浆
100mm混凝土

详图大样 1∶10

图 6-6-3

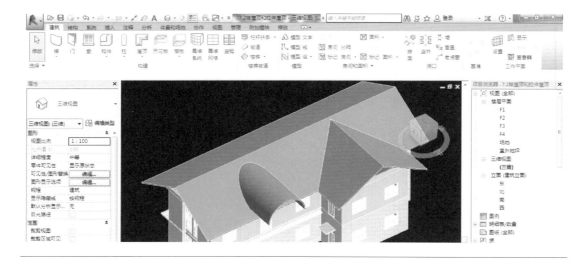

第 7 章　屋顶的创建

📌教学目标

通过本章的学习，了解拉伸屋顶和面屋顶的概念，熟悉坡屋顶和拉伸屋顶的创建方法，掌握平屋顶的创建和编辑方法。

📌教学要求

能 力 目 标	知 识 目 标	权　　重
了解屋顶：拉伸屋顶、面屋顶	(1)屋顶：拉伸屋顶； (2)屋顶：面屋顶	10%
熟悉坡屋顶、拉伸屋顶的创建方法	(1)创建坡屋顶； (2)创建拉伸屋顶	30%
掌握平屋顶的创建和编辑方法	(1)屋顶类型属性定义； (2)平屋顶的创建； (3)平屋顶的编辑：形状编辑，修改子图元	60%

　　屋顶是建筑最上层的水平围护构件。在实际应用中,根据排水坡度不同,分为平屋顶和坡屋顶两种类型。在 Revit Architecture 里提供了迹线屋顶、拉伸屋顶、面屋顶、玻璃斜窗多种创建屋顶的方式。其中迹线屋顶的创建方法与楼板的类似,对于一些复杂形式的屋顶还可以通过内建模型或新建族文件的方式来创建。

7.1　添加教工之家屋顶

　　"教工之家"屋顶坡度为 2‰,属于平屋顶,通过迹线屋顶即可完成绘制。

7.1.1　创建平屋顶

　　1.打开上节完成的"6.5 创建天花板"项目文件,另存为"7.1 教工之家平屋顶",切换为 F3 楼层平面视图。

　　2.单击【建筑】→【构建】→【屋顶】下拉三角符号,如图 7-1-1 所示,选择"迹线屋顶",进入"修改│创建屋顶迹线"界面。

图 7-1-1

　　3.单击【属性】面板【编辑类型】,进入"类型属性"对话框,如图 7-1-2 所示,基于"架空隔热保温屋顶-混凝土"复制名称为"教工之家-隔热保温屋顶300 mm"的新族类型,单击"确定"返回"类型属性"对话框。

图 7-1-2

4.单击"类型参数"中"结构"的"编辑"按钮，进入"编辑部件"对话框。按图 7-1-3 所示，选中第 6 行"衬底[2]"通过"向上"按钮将其移至第 5 行"核心边界"以上；修改第 7 行"结构[1]"的"厚度"为"150.0"，修改其"材质"为"教工之家-楼板钢筋混凝土"，勾选"可变"；插入第 9 行"衬底[2]"，修改其"材质"为"教工之家-楼板水泥砂浆"，"厚度"为"20.0"；插入第 10行"面层 2[5]"，修改其"材质"为"教工之家-楼板白色涂料"，"厚度"为"10.0"。

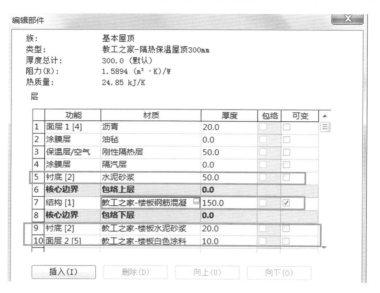

图 7-1-3

5.单击"确定"2 次，返回屋顶迹线创建界面。如图 7-1-4 所示，确认选项栏中"定义坡度"不勾选，"悬挑"值为"0.0"，勾选"延伸到墙中至核心层"。

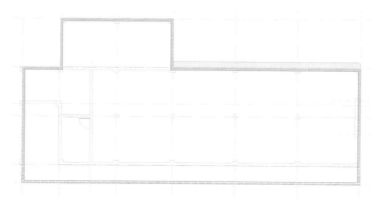

图 7-1-4

6.修改实例属性值"自标高的底部偏移"为"－300.0"，确认当前绘制方式为"拾取墙"。移动鼠标至绘图区域，依次拾取所有外墙，形成如图 7-1-5 所示屋顶迹线。

图 7-1-5

💗提示：在 Revit Architecture 里屋顶至给定标高往上生成模型，楼板至给定标高往下生成模型，二者刚好相反。

7. 单击"完成编辑模式"按钮，完成对"教工之家"平屋顶的创建。

7.1.2　修改子图元

在 Revit Architecture 里，可以通过"修改子图元"的工具对楼板或屋顶的局部高程值进行修改，达到有组织排水的功能。

1. 在 A-C 轴之间绘制一道参照平面，使其与 A 轴距离为 3250，与 C 轴距离为 4750。

2. 在三维视图下选中绘制完成的平屋顶，切换至 F3，如图 7-1-6 所示，激活【形状编辑】面板的"修改子图元"命令，单击"添加分割线"工具，移动鼠标至 1 轴外墙核心层内边界线与第 1 步绘制完成的参照平面交点处单击左键，向右延伸至 7 轴外墙核心层内边界线与该参照平面交点处，单击左键，结束分割线的绘制。

3. 再次单击"修改子图元"工具，鼠标指针变为 ![指针图标]，切换视图为三维视图，如图 7-1-7 所示，选择第 2 步绘制完成的分割线，单击分割线高程值，输入"100.0"并按键盘 Enter 键确认；再次分别移动鼠标至休息室屋顶外侧两个高程点，当高程点绿色矩形呈蓝色显示时，单击左键，修改高程值为"100"，按 Enter 键确认。修改完成后，按 Esc 键退出修改子图元模式。

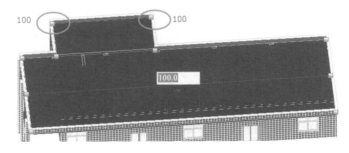

图 7-1-6　　　　　　　　　　　　　　　　　图 7-1-7

💗提示：在不同背景色下做图时，分割线和高程点的显示颜色会有所区别，捕捉分割线时也会有显见与不易捕捉之分，但操作方法相同。

4. 切换至 F3 平面视图，选择"线框"模式查看，如图 7-1-8 所示，可见屋顶中间已形成分水线。

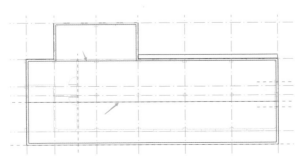

图 7-1-8

5.单击【注释】→【尺寸标注】→【高程点坡度】,进入"修改│放置尺寸标志"界面。单击【编辑类型】进入"类型属性"对话框,如图 7-1-9 所示,点击"单位格式"按钮,修改"单位"为"百分比",修改"单位符号"为"％",单击"确定"按钮 2 次完成对坡度显示方式的编辑。

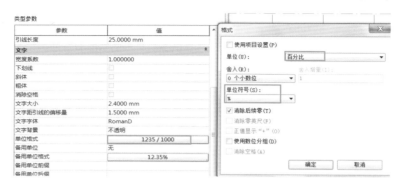

图 **7-1-9**

6.移动鼠标至屋顶位置,如图 7-1-10 所示,单击鼠标左键,标记屋顶坡度符号。保存项目文件至指定位置,完成"教工之家"平屋顶的创建。

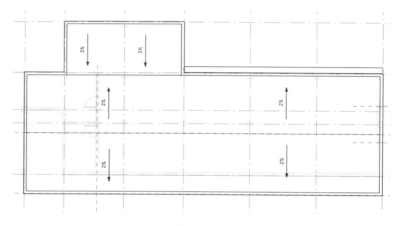

图 **7-1-10**

7.2 坡屋顶和拉伸屋顶的练习

坡屋顶和拉伸屋顶的练习

坡屋顶与迹线屋顶的创建方法类似,勾选"定义坡度",通过修改坡度值就可以形成不同坡度的屋顶。

7.2.1 坡屋顶的创建

1.打开上节完成的"7.1 教工之家平屋顶"项目文件,另存为"7.2 坡屋顶和拉伸屋顶",切换为 F4 楼层平面视图。

2.单击【建筑】→【构建】→【屋顶】下拉三角符号,选择"迹线屋顶",进入"修改│创建屋顶迹线"界面。

3.确认选项栏中勾选"定义坡度",修改"悬挑值"为"1500.0",修改【属性】面板类型选择

器中当前屋顶类型为"基本屋顶 常规-125 mm",修改"自标高的底部偏移"值为"0.0",确认当前绘制方式为"拾取墙",移动鼠标至 1 轴外墙处,如图 7-2-1 所示,当墙体外侧出现蓝色虚线时,单击墙体,即在该段墙体外侧 1500 距离处形成一段带有坡度的迹线。

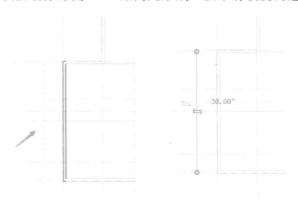

图 7-2-1

4. 沿女儿墙外侧拾取所有女儿墙,形成如图 7-2-2 所示屋顶迹线。

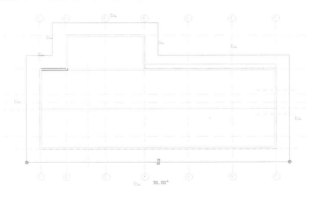

图 7-2-2

♡提示:拾取墙生成屋顶迹线时,按同一方向依次拾取的迹线会自动修剪形成闭合线框。

5. 单击"完成编辑模式"按钮,完成坡屋顶创建,视图切换至三维视图中的"上"视图,如图 7-2-3 所示。

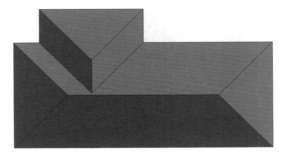

图 7-2-3

6.选中创建好的坡屋顶,点击【模式】面板的"编辑迹线"工具,再次进入屋顶迹线编辑界面。如图 7-2-4 所示,单击【属性】面板"坡度"值,可以修改屋顶整体坡度。

7.单独选中某条迹线,如图 7-2-5 所示,【属性】面板和选项栏将同时进入对该条迹线的编辑模式。不勾选"定义坡度",即可实现屋顶不朝该条迹线所在方向找坡。同时可以通过【属性】面板单独赋予该条迹线特定的坡度值和悬挑值。

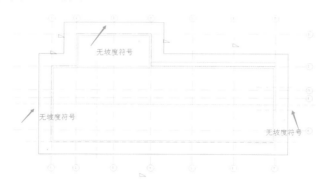

图 7-2-4   图 7-2-5

8.选择 1 轴左侧的迹线,取消勾选该迹线【属性】面板中的"定义屋顶坡度";再点击 7 轴右侧迹线,同样不勾选该迹线的"定义坡度箭头";再次选中 D 轴上侧迹线,不勾选该迹线的"定义坡度箭头",如图 7-2-6 所示。

图 7-2-6

9.单击"完成编辑模式"按钮,完成坡屋顶坡度修改,切换至三维视图中的主视图,可形成如图 7-2-7 所示的坡屋顶。

图 7-2-7

小技巧：屋顶哪条迹线上有坡度符号，屋面就会朝着该条迹线所在的方向找坡。

7.2.2 拉伸屋顶的练习

1. 接上节项目文件，返回 F4 平面视图，单击【建筑】→【构建】→【屋顶】下拉三角符号，选择"拉伸屋顶"，如图 7-2-8 所示，在弹出的"工作平面"对话框选择"拾取一个平面"，单击"确定"按钮。

图 7-2-8

2. 移动鼠标至最下侧女儿墙外立面处，如图 7-2-9 所示，待女儿墙外侧轮廓线呈蓝色高亮显示时，单击鼠标左键，如图 7-2-10 所示，在弹出的"转到视图"对话框选择"立面：南"，单击"打开视图"，弹出如图 7-2-11 所示的"屋顶参照标高和偏移"对话框，单击"确定"按钮。

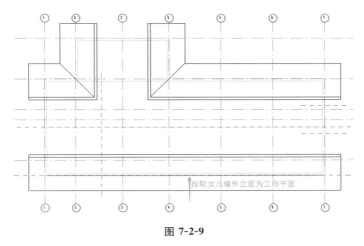

图 7-2-9

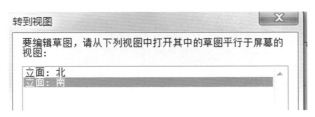

图 7-2-10

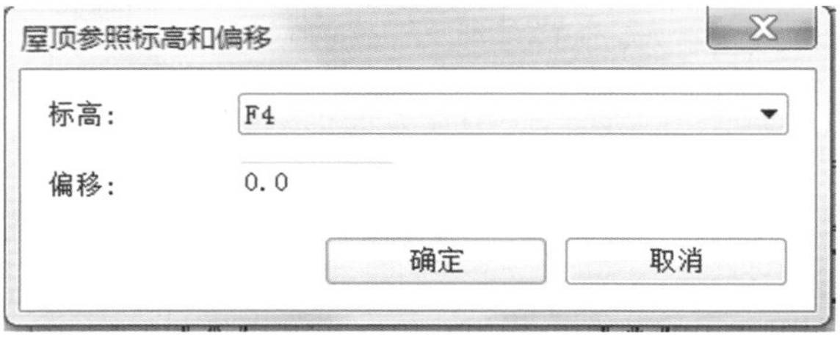

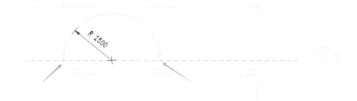

图 7-2-11

3. 进入"修改 | 创建拉伸屋顶轮廓"界面，F4 标高线呈绿虚线高亮显示。确认当前屋顶类型为"基本屋顶 常规-125 mm"，当前绘制方式为"起点-终点-半径弧"，如图 7-2-12 所示，移动鼠标至 5 轴与 F4 标高线交点，单击左键，作为弧线起点，以 6 轴和 F4 标高线交点为弧线终点，单击左键，输入半径值为"2500"。按 Esc 键完成该段弧线绘制。

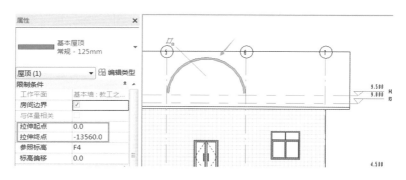

图 7-2-12

4. 单击"完成编辑模式"按钮，如图 7-2-13 所示，可见【属性】面板出现拉伸屋顶的"拉伸起点"和"拉伸终点"值。切换视图至三维视图，可见如图 7-2-14 所示拉伸屋顶。

图 7-2-13

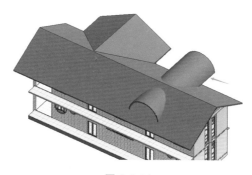

图 7-2-14

5.在三维视图下,选中拉伸屋顶,可通过拉伸三角符号

■实现拉伸屋顶长度的变化。在拖拽拉伸符号时,【属性】
面板"拉伸起点"和"拉伸终点"值也会同步变化。

6.如图 7-2-15 所示,单击【修改】中的【几何图形】的"连接/取消连接屋顶"工具。

图 7-2-15

7.如图 7-2-16 所示,单击左侧圆弧屋顶边界,再单击右侧主坡屋顶。

8.弧形拉伸屋顶将与主坡屋顶顶面连接,如图 7-2-17 所示。保存项目文件至指定位置,完成拉伸屋顶的绘制。

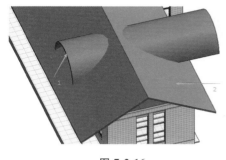

图 7-2-16

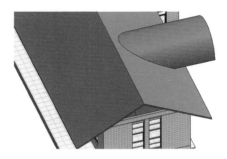

图 7-2-17

7.3　真题练习

按照图 7-3-1 平、立面绘制屋顶。屋顶厚度均为 400,其他建模所需尺寸可参考平、立面图自定,绘制结果以"屋顶"为文件名保存到考生文件夹中。(20分)(BIM 等级考试第二期第三题)

真题练习-坡屋顶的练习

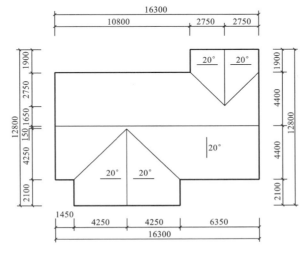

平面图　1:100

图 7-3-1

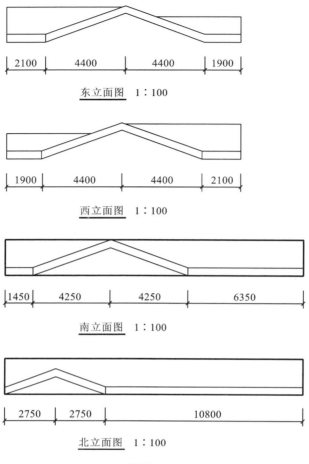

东立面图   1：100

西立面图   1：100

南立面图   1：100

北立面图   1：100

续图 7-3-1

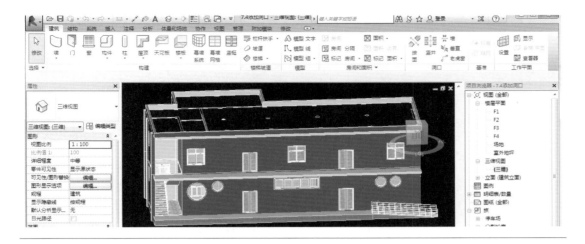

第8章 创建楼梯、扶手、坡道和洞口

📐教学目标

通过本章的学习，了解按构件创建楼梯、按面创建洞口和垂直洞口的创建方法，熟悉楼梯、扶手、栏杆类型定义的参数，掌握楼梯、扶手、坡道和竖井创建的重点，完成项目楼梯、扶手、坡道和竖井的创建。

📐教学要求

能 力 目 标	知 识 目 标	权 重
了解按构件创建楼梯、按面创建洞口的方法	(1)构件楼梯； (2)草图楼梯； (3)洞口：面洞口、墙洞口、老虎窗	10%
熟悉楼梯、扶栏、栏杆类型定义的参数	(1)楼梯参数定义； (2)扶栏参数设置； (3)栏杆参数设置	20%
完成项目楼梯、扶手、坡道和竖井的创建	(1)楼梯的创建； (2)扶手的创建和编辑； (3)坡道的创建； (4)竖井的创建	70%

　　楼梯是建筑楼层间垂直交通的主要构件,本章将详细介绍扶手、楼梯和坡道等的创建与编辑方法。在 Revit Architecture 里,通过定义不同的扶手、楼梯类型,可以生成不同形式的扶手、楼梯构件。通过洞口工具,可以实现对墙体、楼板、天花板、屋顶等图元对象的剪切,达到设计要求。

8.1　创建楼梯

　　楼梯由连接各踏步的梯段、休息平台和扶手组成。楼梯的最低与最高一级踏步间的水平投影距离为梯段长,踏步的总高为梯段高。踏步由踏面(行走时脚踏的水平部分)和踢面(行走时脚尖正对的立面)组成。楼梯按梯段可分为单跑楼梯、双跑楼梯和多跑楼梯,梯段的平面形状有直线、折线和曲线。

创建楼梯

8.1.1　定义 F1 室内楼梯参数

　　1.打开上节完成的"7.1 教工之家平屋顶"项目文件,另存为"8.1 创建室内楼梯"的项目文件,切换为 F1 楼层平面视图。

　　2.单击【建筑】→【工作平面】→【参照平面】,进入"修改|放置 参照平面"界面。确认"绘制"方式为"直线",确认选项栏中"偏移量"为"0.0"。按图 8-1-1 所示,移动鼠标至楼梯间,分别绘制两个平行于 1 轴的参照平面,第 1 个距离 1 轴 830,第 2 个距离 2 轴 740,绘制一个平行于 B 轴,在 A、B 轴之间,距离 B 轴 360 的参照平面。按键盘 Esc 退出当前命令。

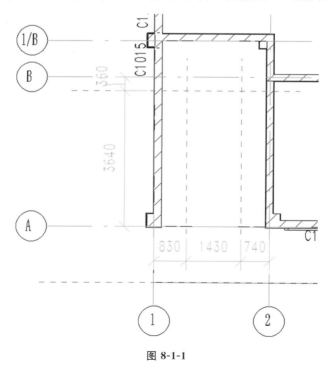

图 8-1-1

　　3.单击【建筑】→【楼梯坡道】→【楼梯】工具下拉三角符号列表,选择"楼梯(按草图)"命令,进入"修改|创建楼梯草图"界面,如图 8-1-2 所示。

图 8-1-2

4.单击【属性】面板【编辑类型】,进入"类型属性"对话框,以"整体浇筑楼梯"族类型为基础复制生成命名为"教工之家-整体浇筑楼梯"的新楼梯族类型,如图 8-1-3 所示。

图 8-1-3

5.修改"类型参数"中"最大踢面高度"值为"166.7",确认勾选"整体浇筑楼梯",确定"功能"参数为"内部",如图 8-1-4 所示。

类型参数	
参数	值
计算规则	
计算规则	编辑...
最小踏板深度	280.0
最大踢面高度	166.7
构造	
延伸到基准之下	0.0
整体浇筑楼梯	✓
平台重叠	76.0
螺旋形楼梯底面	平滑式
功能	内部

图 8-1-4

6.修改"踏板材质"和"踢面材质"为"教工之家-室外楼板瓷砖",修改"整体式材质"为"教工之家-楼板白色涂料";设置"踏板厚度"为"5.0","楼梯前缘长度"为"10.0","楼梯前缘轮廓"为"楼梯前缘-半径:20 mm","应用楼梯前缘轮廓"为"仅前侧";在"踢面"参数设置中,勾选"开始于踢面"和"结束于踢面",设置"踢面类型"为"直梯","踢面厚度"为"5.0","踢面与踏板连接"方式为"踢面延伸至踏板后"。如图 8-1-5 所示。

图 8-1-5

7. 设置楼梯"梯边梁"参数，如图 8-1-6 所示，设置"在顶部修剪梯边梁"为"匹配标高"，其他均保留默认设置。

💗 **提示：**因为在第 5 步设置中勾选了"整体浇筑楼梯"，此楼梯为不含梯边梁楼梯，故第 8 步中"梯边梁"参数不可编辑。

8. 单击"确定"按钮返回楼梯草图创建界面。确认【属性】面板"限制条件"中"底部标高"为"F1"，"顶部标高"为"F2"，"偏移值"均为"0.0"；修改实例属性值"尺寸标注"的"宽度"为"1300.0"，确认"所需踢面数"为"27"，如图 8-1-7 所示。

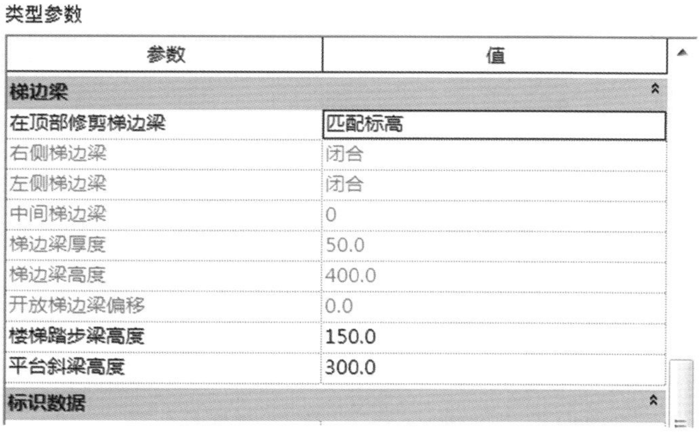

类型参数	
参数	值
梯边梁	
在顶部修剪梯边梁	匹配标高
右侧梯边梁	闭合
左侧梯边梁	闭合
中间梯边梁	0
梯边梁厚度	50.0
梯边梁高度	400.0
开放梯边梁偏移	0.0
楼梯踏步梁高度	150.0
平台斜梁高度	300.0
标识数据	

图 8-1-6

图 8-1-7

8.1.2　绘制 F1 室内楼梯

1.确认楼梯【绘制】面板中"梯段"绘制线为"直线",如图 8-1-8 所示,移动鼠标至 A 轴与 1-2 轴间左侧参照平面交点,单击左键,作为楼梯第 1 个上行梯段的起点;向上延伸至水平参照平面与该参照平面的交点,再次单击左键,确定为第 1 个上行梯段的终点;向右延伸至该水平参照平面与 1-2 轴间右侧参照平面交点,单击左键,作为第 2 个上行梯段起点;该垂直参照平面向下延伸至与最后一个踢面线的交点处,单击左键,结束梯段绘制;利用【修改】面板的"对齐"命令将休息平台外侧"边界线"对齐到 1/B 轴。

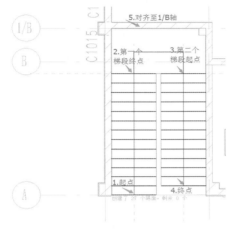

图 8-1-8

2.单击"完成编辑按钮"完成楼梯的创建。在楼梯草图编辑过程中,系统默认在楼梯所有梯段边界线生成栏杆扶手,如图 8-1-9 所示,梯段两侧虚线段即扶手轮廓线。选中梯段靠墙一侧扶手,利用键盘 Delete 键将其删除。完成后的楼梯图如图 8-1-10 所示。

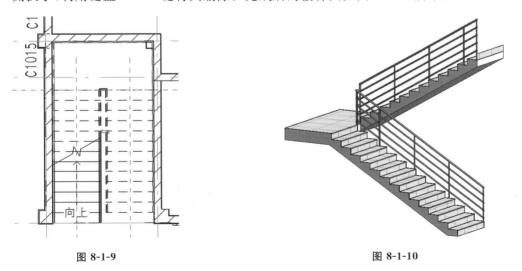

图 8-1-9　　　　　　　　　　　　　　　　　图 8-1-10

💗提示:因为在楼梯"踢面"参数设置中,勾选了"结束于踢面",绘制完成后的梯段可见最后一个踏步上面单独出现一级踢面材质。

3. 如图 8-1-11 所示,从三维视图中可以看出,F2 层楼板尚未开设洞口,楼梯扶手伸出到 F2 层楼面。本章第 4 节将讲述洞口开设方法。保存该项目文件至指定位置。

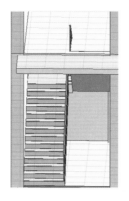

图 8-1-11

8.1.3 生成复杂形式楼梯

在 Revit Architecture 里,可以通过设置草图楼梯的"梯段"绘制模式(直线、弧线)绘制 直行或弧形梯段,如图 8-1-12 所示;通过修改梯段"边界线"形成弧形梯段或弧形休息平台, 如图 8-1-13 所示;通过修改"踢面"线的形式,形成异形踏步,如图 8-1-14 所示。

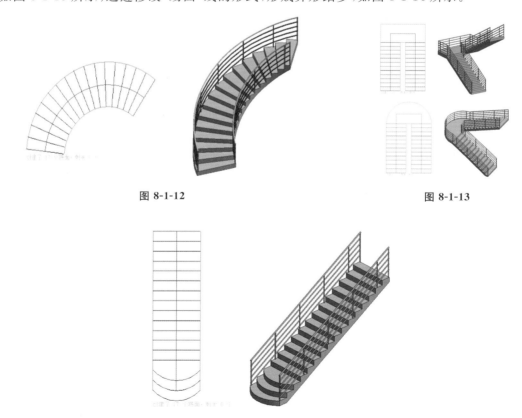

图 8-1-12   图 8-1-13

图 8-1-14

在 Revit Architecture 里，还可以通过"按构件"形式创建楼梯，如图 8-1-15 所示。"按构件"创建楼梯时构件分为"梯段""平台""支座"。"梯段"绘制方法包括了直形、螺旋、L 形转角、U 形转角及创建草图多种方式，均可达到一次性放置好标准形式和异形楼梯的目的。如图 8-1-16 所示，任一绘制方式下均可通过选项栏中的命令自定义梯段"定位线"，绘制方式更为灵活。

图 8-1-15   图 8-1-16

8.2 创建栏杆、扶手

创建栏杆、扶手

在 Revit Architecture 里，创建楼梯时系统会自动沿梯段边界线生成扶手。同时，也可以通过扶手参数的设置，自定义生成不同形式的扶手。

8.2.1 创建窗户安全栏杆

1. 打开上节完成的"8.1 创建室内楼梯"项目文件，另存为"8.2 创建扶手"，切换为 F1 楼层平面视图。

2. 单击【建筑】→【楼梯坡道】→【栏杆扶手】的下拉三角符号，选择【绘制路径】命令，进入"修改|创建栏杆扶手路径"界面。

3. 单击【属性】面板【编辑类型】，进入"类型属性"对话框，如图 8-2-1 所示，复制"900 mm"族类型，命名为"教工之家-室内窗户安全栏杆"。

图 8-2-1

4. 单击"类型参数"中"栏杆位置"的"编辑"按钮，进入"编辑栏杆位置"对话框。如图 8-2-2所示，修改"主样式"第 2 行"栏杆族"为"栏杆-圆形：25 mm"，修改"相对前一栏杆的距离"为"200.0"。修改"栏杆族"为"栏杆-圆形：25 mm"。修改"支柱"参数，"起点支柱"和"终点支柱"处"栏杆族"均为"栏杆-圆形：25 mm"；"起点支柱"的"空间"值改为"60.0"；"终点支

柱"处"空间"值改为"－60.0"；修改"转角支柱"处"栏杆族"为"无"，即窗户安全栏杆转角处不设置支柱。单击"确定"按钮返回"类型属性"对话框。

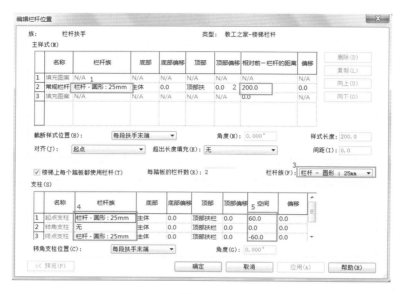

图 8-2-2

5.修改"类型参数"的"顶部扶栏"类型为"圆形-40 mm"，确认"高度"为"900.0"，其他参数不做修改。单击"确定"按钮返回创建栏杆界面。

6.确认【属性】面板"底部标高"为"F1"，确认【绘制】面板"绘制"方式为"直线"，移动鼠标至 7 轴 A、B 轴间外墙核心层内边界线与 C1237 交点处，单击左键，向左延伸 100 宽度，向上绘制至参照平面，向右延伸至 1/B 轴、C 轴间外墙核心层内边界线与参照平面交点处，单击左键，按键盘 Esc 键 2 次，结束栏杆路径绘制，如图 8-2-3 所示。

7.单击"完成编辑模式"按钮，切换至三维视图，利用鼠标框选 F1 层 C1237 周边构件，单击【视图控制】栏的"临时隐藏/隔离 ∾"命令，选择"隔离图元"，可看到如图 8-2-4 所示栏杆图。此时被隔离的图元界面出现蓝色的"临时隐藏/隔离"线框，查看无误后，再次单击"临时隐藏/隔离 ∾"命令，选择"重设临时隐藏/隔离"命令，查看所有构件。

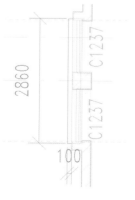

图 8-2-3

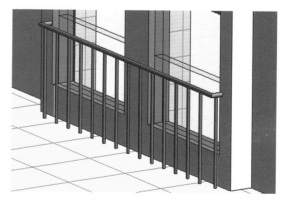

图 8-2-4

8. 选中第 7 步绘制完成的窗户安全栏杆，单击【剪贴板】的"复制"命令，通过"与选定的标高对齐"将其复制到 F2，完成对"教工之家"F2 层 7 轴 C1237 安全栏杆的创建。

9. 切换视图至 F1 楼层平面视图，单击【属性】面板【视图范围】的"编辑"按钮，如图 8-2-5 所示，修改"剖切面"的"偏移量"为"2500.0"，单击"确定"返回平面视图，可见 1 轴楼梯间窗在当前视图中已经可见。

图 8-2-5

10. 单击【建筑】→【楼梯坡道】→【栏杆扶手】的下拉三角符号，选择【绘制路径】命令，进入"修改|创建栏杆扶手路径"界面。

11. 确认【属性】面板当前族"类型"为"教工之家-室内窗户安全栏杆"，修改实例属性值"底部偏移"为"2500.0"，单击"应用"按钮。

12. 确认【绘制】方式为"直线"，移动鼠标至 B 轴、1/B 轴间的 C1015 处，在外墙核心层内边界线处沿 C1015 靠内侧轮廓线处绘制一条路径线，如图 8-2-6 所示。

13. 单击"完成编辑模式"按钮，完成该段栏杆扶手的绘制，切换至三维视图，该段栏杆如图 8-2-7 所示。

14. 选中第 13 步绘制完成的窗户安全栏杆，单击【剪贴板】的"复制"命令，通过"与选定的标高对齐"将其复制到 F2，并修改【属性】面板实例属性值"底部偏移"为"1800.0"，如图 8-2-8所示，完成对"教工之家"F2 层 1 轴 C1015 安全栏杆的创建。

图 8-2-6　　　　　　　　图 8-2-7　　　　　　　　图 8-2-8

8.2.2　编辑修改室内楼梯栏杆

1. 切换视图至 F1 楼层平面视图，选择楼梯栏杆扶手，【属性】面板显示当前族"类型"为"900 mm 圆管"，单击【编辑类型】进入"类型属性"对话框，复制族类型"900 mm"生成名称为

"教工之家-楼梯栏杆"的新栏杆类型。

2. 单击"类型参数"的"扶栏结构（非连续）"的"编辑"按钮，进入"编辑扶手（非连续）"对话框，如图 8-2-9 所示，单击"插入"，修改其"名称"为"幼儿扶手"，"高度"为"600.0"，选择"轮廓"为"矩形扶手：50×50 mm"，单击"确定"按钮返回"类型属性"对话框。

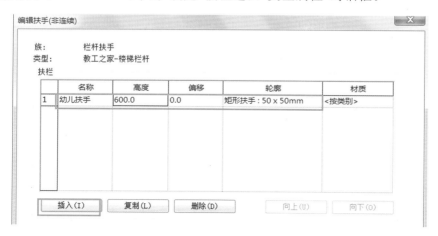

图 8-2-9

3. 确认"类型参数"的"顶部扶栏"的"高度"为"900.0"，"类型"为"矩形-50×50 mm"，单击"确定"返回绘图界面。

4. 如图 8-2-10 所示，视图自动进入"修改｜栏杆扶手"界面，激活【模式】面板的"编辑路径"命令，楼梯间栏杆呈现可编辑状态。

图 8-2-10

5. 确认【绘制】面板选择"直线"，确认选项栏中勾选"链"，"偏移量"为"0.0"，如图 8-2-11 所示，将鼠标移至右侧栏杆路径线端部，单击左键向下绘制一段长度为 200 的路径，向左转延伸至与墙体核心层内边界线相交处，单击左键，结束栏杆路径绘制。

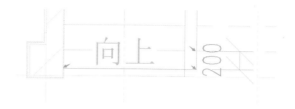

图 8-2-11

6. 单击"完成编辑模式"按钮，完成栏杆创建，如图 8-2-12 所示。可见在平楼层平台处扶手与梯段栏杆扶手同高度，均为 900。出于对建筑设计安全性的考虑，平台段扶手高度应为 1050。需要修改平台扶手高度。

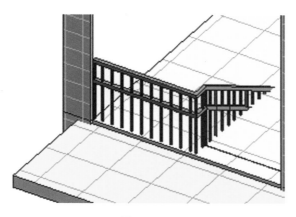

图 8-2-12

7. 选择第 6 步生成的楼梯栏杆,打开楼梯栏杆的"类型属性"对话框,如图 8-2-13 所示,修改"使用平台高度调整"为"是",修改"平台高度调整"值为"150.0",确认"斜接"方式为"添加垂直/水平线段","切线连接"为"延伸扶手使其相交"。

参数	值
构造	
栏杆扶手高度	900.0
扶栏结构(非连续)	编辑…
栏杆位置	编辑…
栏杆偏移	0.0
使用平台高度调整	是
平台高度调整	150.0
斜接	添加垂直/水平线段
切线连接	延伸扶手使其相交
扶栏连接	修剪

图 8-2-13

8. 单击"确定"按钮,退出"类型属性"对话框,完成对平台处扶手的高度调整。如图 8-2-14所示。保存当前项目文件至指定位置,完成对"教工之家"栏杆扶手的编辑。

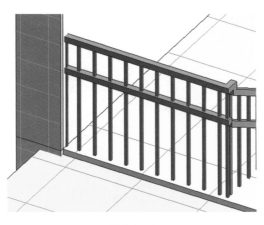

图 8-2-14

8.3 创建坡道

Revit Architecture 里创建坡道的方法与创建楼梯的方法类似，下面将以"教工之家"室外坡道为例讲解创建坡道的操作步骤。

1. 打开上节完成的"8.2 创建扶手"项目文件，另存为"8.3 创建坡道"，保存项目文件到指定目录，切换为室外地坪楼层平面视图。

2. 单击【建筑】→【楼梯坡道】→【坡道】，进入"修改│创建坡道草图"界面。单击【属性】面板【编辑类型】，进入"类型属性"对话框，以当前族类型"坡道 1"为基础复制出名为"教工之家-室外坡道"的新族类型。

3. 如图 8-3-1 所示，修改"类型参数"的"造型"为"实体"，"功能"为"外部"，修改"坡道材质"为"混凝土，现场浇注，灰色"。单击"确定"返回创建坡道草图界面。

4. 修改【属性】面板"限制条件"的"顶部偏移"值为"－50"；修改"宽度"值为"1500.0"，如图 8-3-2 所示。

参数	值
构造	
造型	实体
厚度	150.0
功能	外部
图形	
文字大小	2.5000 mm
文字字体	Microsoft Sans Serif
材质和装饰	
坡道材质	混凝土，现场浇注，灰色

图 8-3-1

限制条件
底部标高	室外地坪
底部偏移	0.0
顶部标高	F1
顶部偏移	-50.0
多层顶部标高	无

图形
文字(向上)	向上
文字(向下)	向下
向上标签	✓
向下标签	✓
在所有视图中…	☐

尺寸标注
宽度	1500.0

图 8-3-2

5. 单击【工作平面】→【参照平面】，在 A 轴下边距离 A 轴 750 处绘制一水平参照平面，以确定坡道绘制的定位中点。

6. 确认梯段【绘制】面板当前绘制方式为"直线"，如图 8-3-3 所示，以第 5 步绘制的参照平面和左侧室外平台板交点为坡道起点，向右绘制至坡道长度末端，单击左键，完成坡道路径的绘制。

坡道起点

图 8-3-3

7. 单击"完成编辑模式"按钮完成坡道绘制，如图8-3-4所示。通过点击坡道中心线末端的楼梯方向翻转箭头 ，修改坡道方向为从左至右、从上至下。

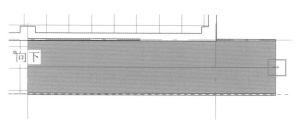

图 8-3-4

8.切换至三维视图查看坡道完成效果,如图 8-3-5 所示,可见坡道自动生成的栏杆扶手部分嵌入墙体。

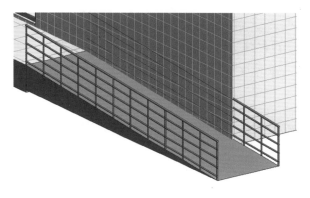

图 8-3-5

9.选中坡道靠墙一侧栏杆,返回室外地坪楼层平面视图,激活【模式】面板"编辑路径"命令,确认【属性】面板当前族"类型"为"900 mm 圆管",将该段路径向下移至距离 A 轴 100处,单击"完成编辑模式"按钮。

10.同上操作,选中坡道另一侧栏杆,激活"编辑路径"命令,修改族"类型"为"900 mm 圆管",将该段路径向上移动 100 距离,单击"完成编辑模式"按钮。完成坡道栏杆三维视图如图 8-3-6 所示。保存该项目文件至指定位置,完成"教工之家"坡道创建。

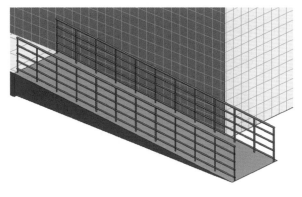

图 8-3-6

♥提示:创建弧形坡道的方式与创建弧形楼梯的方式类似,只需修改梯段绘制方式为弧线,或修改坡道边界线为弧线段。

8.4　添加洞口

在 Revit Architecture 里,可以通过编辑构件轮廓的方式创建不同形式的洞口。同时,Revit Architecture 里提供了洞口工具,可以在楼板、天花板、墙、屋顶等各种图元上开设不同形式的洞口,还提供了竖井命令,可以同时在多层楼板上开设楼梯间洞口、电梯井或管道井等垂直洞口。

8.4.1　创建楼梯间竖井

1. 打开上节完成的"8.3 创建坡道"项目文件,另存为"8.4 添加洞口",切换为 F1 楼层平面视图。

2. 单击【建筑】→【洞口】→【竖井】,进入"修改|创建竖井洞口草图"界面。确认选项栏中勾选"链","偏移量"为"0.0"。

限制条件	
底部限制条件	F1
底部偏移	0.0
顶部约束	直到标高: F2
无连接高度	4500.0
顶部偏移	0.0

图 8-4-1

3. 修改【属性】面板"限制条件",如图 8-4-1 所示,"底部偏移"为"0.0","顶部约束"为"直到标高:F2","顶部偏移"值为"0.0"。确认【绘制】面板"边界线"的绘制方式为"矩形框"。

4. 移动鼠标至 1/B 轴与 1 轴外墙核心层内边线交点处作为矩形框的第 1 个对角点,向右下延伸矩形框至第 2 段上行梯段第 2 个踏步踢面轮廓线向下 15 距离与 2 轴内墙核心层边界线处交点作为矩形框的另一个对角点。如图 8-4-2 所示,单击"完成编辑模式"完成竖井边界线绘制。

5. 切换视图至三维模式,通过【视图控制】栏的"隔离图元"或"隐藏图元"等命令,如图 8-4-3 所示,确认第 2 个上行梯段结束处的踢面为可见。保存该项目文件至指定位置,完成对楼梯间竖井洞口的操作。

图 8-4-2

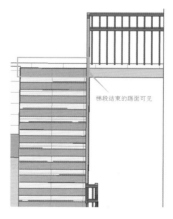

梯段结束的踢面可见

图 8-4-3

♡ **提示:**选中绘制完成的竖井,如图 8-4-4 所示,竖井的顶部和底部均有可编辑的三角符号,可以通过拖拽三角箭头,修改竖井的顶部和底部限制条件,也可以直接修改实例属性值。

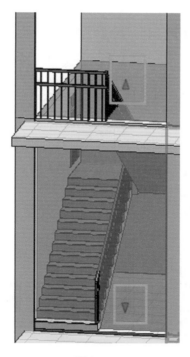

图 8-4-4

8.4.2 其他洞口

在 Revit Architecture 里,提供了如图 8-4-5 所示的洞口工具。其中"按面"和"垂直"两种开设洞口方式的操作方法大致相同,区别主要在于开设洞口的立面是垂直于开设洞口表面或是铅垂面,如图 8-4-6 所示,一般在具有坡度的表面开设排水洞口时需要采用"垂直"洞口工具。"老虎窗"工具和"墙"工具在操作时,为避免出现错误,应严格按照状态栏的命令提示进行操作。

图 8-4-5　　　　　　　　　　　　图 8-4-6

8.5　真题练习

根据图 8-5-1 给定数值创建楼梯与扶手,扶手截面为 50 mm×50 mm,高度为 900 mm,栏杆截面为 20 mm×20 mm,栏杆间距为 280 mm,未标明尺寸不做要求,楼梯整体材质为混凝土,请将模型以"楼梯扶手"为文件名保存到考生文件夹中。(10 分)(BIM 等级考试第九期第二题)

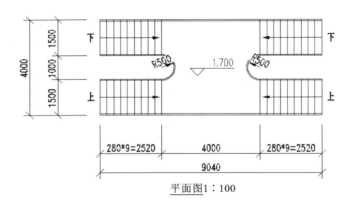

平面图1：100

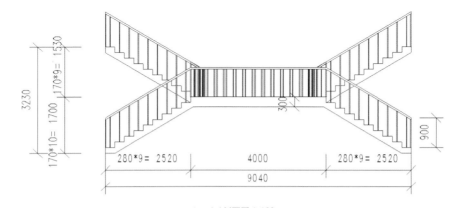

1-1剖面图 1:100

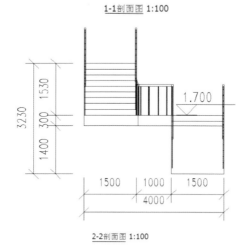

2-2剖面图 1:100

图 **8-5-1**

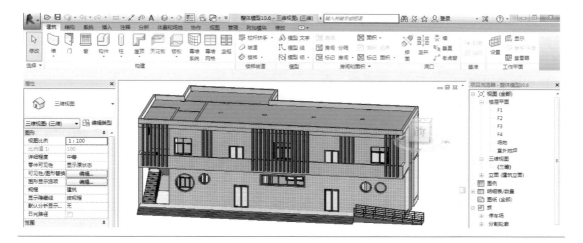

第 9 章　放置构件模型

❧ 教学目标

通过本章的学习,了解内建模型和载入外部轮廓族的区别,熟悉放置(室外台阶、雨棚边梁和墙装饰条)构件的方法,掌握放置构件模型的重点、难点。

❧ 教学要求

能 力 目 标	知 识 目 标	权　重
了解内建模型和载入外部轮廓族的区别	(1)内建模型; (2)外部族:".rfa"文件	10%
熟悉放置(室外台阶、雨棚边梁和墙装饰条)构件的方法	(1)入口处室外台阶:放样; (2)休息室入口台阶、雨棚边梁:楼板边; (3)屋顶:封檐板; (4)墙装饰条:放置构件,载入外部族	20%
掌握放置构件模型的重点、难点	(1)放样应用; (2)外部族的载入,类型创建; (3)不同的模型构件主体的确定	70%

　　在 Revit Architecture 里，对于一些附着于墙体、楼板或者屋顶的零散构件，可以通过放置构件或者内建模型来创建。放置构件为载入已经建好的外部族，直接用于本项目；内建模型是在本项目内新建内建模型族，此族只可应用于本项目，不可载入其他项目。如果需要将新建族用于不同项目，需要新建可载入族。

9.1　内建模型

内建模型

9.1.1　放样创建主入口处室外台阶

　　1. 打开上章完成的"8.4 添加洞口"项目文件，另存为"9.1 室外台阶和楼板边"，切换为 F1 楼层平面视图。

　　2. 单击【建筑】→【构建】→【构件】下拉三角符号，选择"内建模型"命令，进入"族类别和族参数"对话框，如图 9-1-1 所示，确认"过滤器列表"中为"建筑"，单击"常规模型"类别后，单击"确定"，修改该"常规模型 1"名称为"室外四级台阶"，如图 9-1-2 所示。单击"确定"，进入内建模型界面。

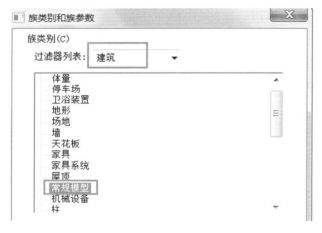

图 9-1-1

图 9-1-2

　　3. 创建内建模型界面与新建可载入族界面类似，只是在创建内建模型完成后要单击"完成模型"按钮，如图 9-1-3 所示，才能将该内建模型应用于本项目。

图 9-1-3

　　♡ 提示：新建可载入族在本书第 14 章有介绍，可对比学习。

　　4. 单击【形状】面板的【放样】工具，进入"修改｜放样"界面，如图 9-1-4 所示。单击"绘制路径"命令，进入"修改｜放样＞绘制路径"界面。

图 9-1-4

5. 修改【属性】面板"材质和装饰"材质为"混凝土",确认【绘制】面板当前绘制方式为"拾取线",移动鼠标至 A 轴外侧室外楼板的外侧轮廓线,拾取该轮廓线,如图 9-1-5 所示。单击"完成编辑模式"按钮完成路径的绘制。

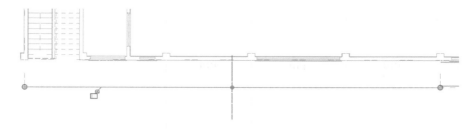

图 9-1-5

6. 如图 9-1-6 所示,单击【放样】面板"编辑轮廓"命令,在弹出的"转到视图"对话框中,选择"立面:西",单击"打开视图",如图 9-1-7 所示。

图 9-1-6

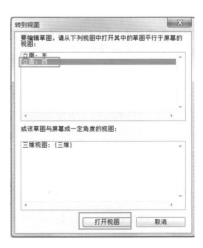

图 9-1-7

♡提示:此时切换视图,可以看清内建模型的具体轮廓造型即可,选择"立面:东"或"立面:西",只与创建轮廓的方向有关。

7. 视图进入"修改|放样＞编辑轮廓"界面,确认选项栏中勾选"链","偏移量"为"0.0",当前绘制方式为"直线"。如图 9-1-8 所示,以虚线十字线中间红点为中心点,以其下方 200 距离处作为台阶起点,绘制 3 级宽为 300,高为 150 的台阶踏步。单击"完成编辑模式"按钮,完成对放样轮廓的编辑。

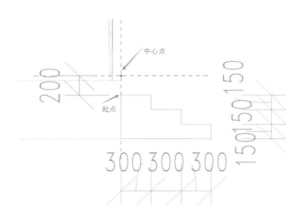

图 9-1-8

8.再次单击"完成编辑模式"按钮,完成放样命令,再次单击"完成编辑模式"按钮,完成内建模型的命令。完成对主入口处室外台阶的创建。

在 Revit Architecture 里,室外台阶也可以通过在"楼板边"载入合适的台阶轮廓族的方法添加完成,下面将以不同位置构件的添加讲述"楼板:楼板边"命令的操作方法。

9.1.2 添加休息室入口处楼板边

1.单击【插入】→【从库中载入】→【载入族】,选择学习资料第 9 章"族"文件中的"室外四级台阶轮廓族",单击"打开"完成外部族的载入。

2.单击【建筑】→【构建】→【楼板】工具下拉列表,在列表中选择"楼板边"命令,进入"修改|放置楼板边缘"界面。

3.打开"类型属性"对话框,以当前族类型"楼板边缘"为基础复制出名称为"教工之家-室外台阶楼板边"的新族类型。如图 9-1-9 所示,修改"轮廓"的"值"为第 1 步载入的"室外四级台阶轮廓族:室外四级台阶",修改"材质"的"值"为"混凝土,现场浇注,灰色",单击"确定"按钮返回创建楼板边界面。

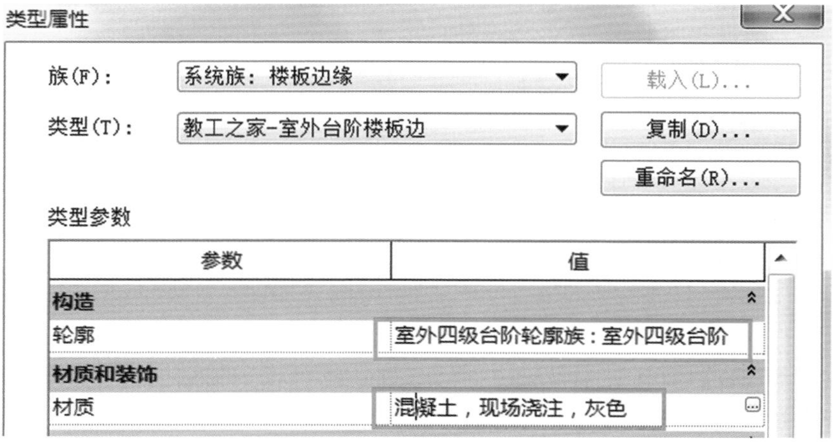

图 9-1-9

4.移动鼠标至 4 轴外侧室外楼板外侧的轮廓线处,可见接触到的轮廓线呈蓝色显示,单击室外楼板外侧三条轮廓线,可自动生成如图 9-1-10 所示三面上人台阶。

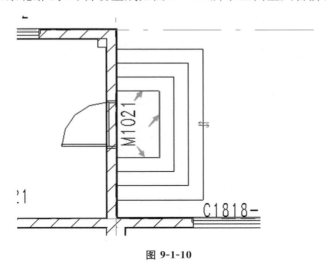

图 **9-1-10**

9.1.3　添加休息室雨棚板边梁

同上节操作方法,可继续在"教工之家"其他位置楼板处添加相应附属构件。

1.单击【插入】→【从库中载入】→【载入族】,选择学习资料第 9 章"族"文件中的"雨棚板边梁",单击"打开"完成外部族的载入。

2.将视图切换为三维视图模式。单击【建筑】→【构建】→【楼板】工具下拉列表,在列表中选择"楼板边"命令,进入"修改|放置楼板边缘"界面。

3.打开"类型属性"对话框,以当前族类型"教工之家-室外台阶楼板边"为基础复制出名称为"教工之家-雨棚楼板边梁"的新族类型。如图 9-1-11 所示,修改"轮廓"的"值"为第 1 步载入的"雨棚板边梁:雨棚板边梁",修改"材质"的"值"为"教工之家-F1 外墙黄色瓷砖",单击"确定"按钮返回创建楼板边界面。

图 **9-1-11**

4.移动鼠标至 4 轴外侧雨棚板边缘处轮廓线,依次单击雨棚板外侧上部三条轮廓线,可自动生成如图 9-1-12 所示雨棚楼板边梁。

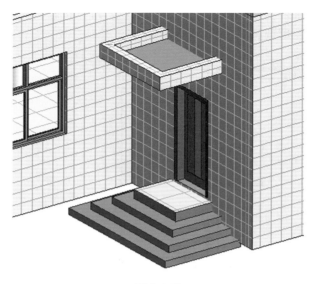

图 9-1-12

9.1.4 添加封檐板

1.再次载入学习资料第 9 章"族"文件中的"屋顶封檐板轮廓"。

2.单击【建筑】→【构建】→【屋顶】工具下拉列表，在列表中选择"屋顶：封檐板"命令，进入"修改|放置封檐板"界面。

3.打开"类型属性"对话框，以当前族类型"封檐板为基础"复制出名称为"教工之家-屋顶封檐板"的新族类型。如图 9-1-13 所示，修改"轮廓"的"值"为第 1 步载入的"屋顶封檐板轮廓：屋顶封檐板轮廓"，修改"材质"的"值"为"教工之家-F2 以上外墙蓝色瓷砖"，单击"确定"按钮返回创建封檐板界面。

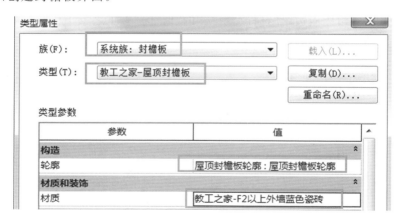

图 9-1-13

4.切换视图至 F3 平面视图，移动鼠标至屋面板 A 轴、1 轴和 7 轴边界线处，待边界线呈蓝色高亮显示，单击边界线，将沿屋面板这三个方向生成封檐板。

5.确认当前视图"视觉样式"为"线框"模式，选中绘制完成的封檐板，通过拖拽蓝色定位点，将 1 轴和 7 轴的封檐板分别拖至 A 轴与两轴交点处，如图 9-1-14 所示。

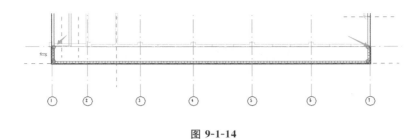

图 9-1-14

6.修改【属性】面板"限制条件"的"垂直轮廓偏移"值为"－300.0","水平轮廓偏移"值为"－40.0",如图 9-1-15 所示,单击"应用"按钮,完成封檐板的定位编辑。

❤提示:此处在 F3 平面视图下添加封檐板,拾取的为屋面板的顶部轮廓线,故需要修改"垂直轮廓偏移"量为"－300.0",将其定位至屋面板底部。

7.切换至三维视图,查看封檐板效果,如图 9-1-16 所示。

图 9-1-15   图 9-1-16

9.1.5 创建 F2 室外走道栏板

1.切换视图至 F2 楼层平面视图,单击【建筑】→【构建】→【墙:建筑】,在【属性】面板类型选择器中选择"教工之家-F2 以上外墙"的基本墙类型,点击【编辑类型】进入"类型属性"对话框,以当前族类型"教工之家-F2 以上外墙"为基础复制出名称为"教工之家-F2 走道栏板"的新族类型。

2.修改"类型参数"中"在插入点包络"为"外部",修改"在端点包络"为"外部",如图 9-1-17所示,单击"确定"返回放置墙界面。

类型参数

参数	值	
构造		
结构	编辑…	
在插入点包络	外部	
在端点包络	外部	
厚度	220.0	
功能	外部	

图 9-1-17

3.修改【属性】面板"底部偏移"值为"－230.0","顶部约束"为"直到标高:F2","顶部偏移"值为"1150.0",如图 9-1-18 所示,单击"应用"应用该设置。

图 9-1-18

4.确认【绘制】面板当前绘制方式为"拾取线"，移动鼠标分别拾取走道板外侧三面轮廓线，形成走道板栏板墙体，通过墙体翻转方向箭头 ⇆，确认墙体外侧在外，内侧朝内。完成后三维效果如图 9-1-19 所示。保存当前项目文件至指定目录，完成"教工之家"外部构件创建。

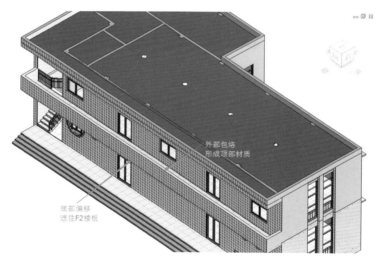

图 9-1-19

9.2　放置墙体装饰条

放置墙体装饰条

1.打开上节完成的"9.1 室外台阶和楼板边"项目文件，另存为"9.2 放置F2 墙体装饰条"，切换为 F2 楼层平面视图。

2.依次载入学习资料第 9 章中"族"文件中"格栅族"中的"格栅 1""格栅 2""格栅 3""格栅 4""格栅 5"。

3.单击【建筑】→【构建】→【构件】下拉三角符号，选择"放置构件"命令，确认"属性"面板

类型选择器中当前族"类型"为"格栅1"。移动鼠标至1、2轴间走道栏板外侧,格栅1附着于栏板墙上。单击左键,放置格栅1。按键盘 Esc 键 2 次退出当前命令。利用【修改】面板的"对齐"命令,将格栅1最右侧对齐到2轴上,如图9-2-1所示。

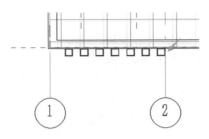

图 9-2-1

4.同上操作,按照如图9-2-2所示,继续放置格栅2至其右侧与3轴对齐;放置格栅3于4、5轴之间,并使第二个格栅管的右侧与5轴对齐;放置格栅4至其右侧与6轴对齐;放置格栅5使其右侧距离7轴为400。

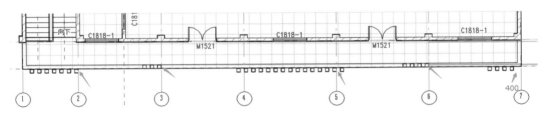

图 9-2-2

5.完成后的格栅三维效果如图9-2-3所示。保存当前项目文件至指定位置。

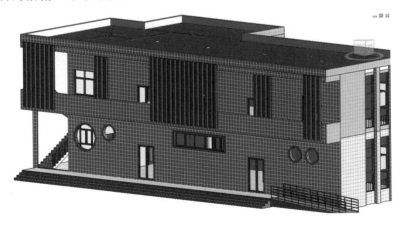

图 9-2-3

第 10 章 场地与场地构件

⚲教学目标

通过本章的学习,了解场地创建和构件添加的相关知识,丰富模型场地表现,完成建筑场地的设计。

⚲教学要求

能 力 目 标	知 识 目 标	权 重
了解场地地形表面创建	(1)了解地形表面生成方法; (2)了解编辑修改创建完成的地形表面的方法	30%
熟悉建筑地坪、子面域、场地构件的功能,完成模型场地设计	(1)熟悉建筑地坪创建的步骤; (2)利用子面域完成场地道路的创建; (3)能通过场地构件工具,丰富模型场地表现	70%

完成项目的三维建模后，需要对建筑物的场地进行绘制以丰富项目的表现，包括场地地形、道路广场、停车场地、绿化、水池和构筑物等。

10.1　添加地形表面

地球表面高低起伏的各种形态称为地形，地形表面是场地设计的基础。绘制地形表面，定义建筑红线之后，可以对项目的建筑区域、道路、停车场、绿化区域等做总体规划设计，某项目的地形表面如图 10-1-1 所示。

添加地形
表面

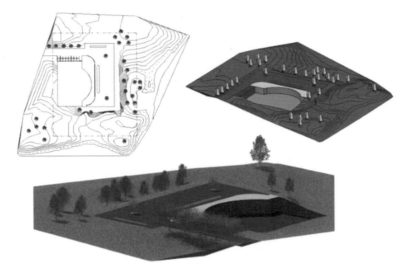

图 10-1-1

10.1.1　通过放置点方式生成地形表面

"地形表面"工具使用放置点或导入的数据来定义地形表面。可以在三维视图或场地平面中创建地形表面。通过放置点方式生成地形表面主要是利用等高线数据创建地形表面，下面讲述如何为"教工之家"项目添加地形表面。

1．打开上章完成的"9.2 放置 F2 墙体装饰条"项目文件，另存为"10.1 添加地形表面"，保存该项目文件至指定目录。

2．将项目切换至场地楼层平面视图，单击【体量和场地】选项卡【场地建模】面板中的【地形表面】工具，如图 10-1-2 所示，自动切换至"修改|编辑表面"上下文选项卡，单击【工具】面板中的【放置点】工具，设置选项栏中的"高程"值为"−600"，高程值形式为"绝对高程"，如图10-1-3 所示，即将要放置的高程点绝对标高为−0.6 m。

图 10-1-2

图 10-1-3

3. 单击鼠标左键，在"教工之家"四周按照图 10-1-4 所示的位置放置高程点，完成后退出放置点命令，单击【属性】面板中"材质"后的"浏览"按钮，搜索场地材质类型"草"，复制生成"教工之家-草地"材质，并按图 10-1-5 进行设置，将"教工之家"的地形材质设置为草地，设置完成后单击【表面】面板中的按钮 ✔ 完成设置，设置完成后切换至三维视图，完成后的地形表面的效果如图 10-1-6 所示。

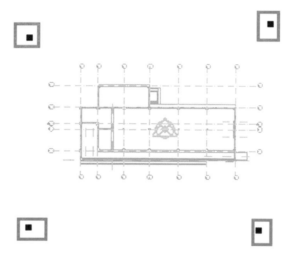

图 10-1-4

图 10-1-5

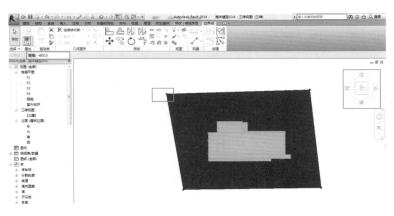

图 10-1-6

提示：场地平面图与室外地坪、F1 等平面图一样，均属于平面视图，只是视图范围不同，实际上场地视图是以 F1 标高为基础，将剖切位置提高到 10 m 后得到的视图。

10.1.2 修改地形表面

设置完成地形表面后，如需要修改地形表面位置或者高程点，可按如下步骤进行操作。在三维视图中切换至"上"，选中完成的地形表面，进入"修改|地形"上下文选项卡，点击【表面】面板【编辑表面】工具，点击要修改的边界点，可以通过选项栏中的命令修改高程，也可以拖动点修改点的位置，修改完成后，退出修改边界点命令，点击【完成表面】工具，如图 10-1-7 所示，完成后保存该项目文件到指定位置。

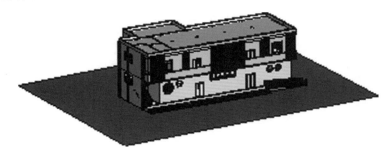

图 10-1-7

通过放置点方式创建地形表面方法比较简单，适用于创建比较简单的场地地形表面。如果场地地形表面比较复杂，使用放置点的方式就会比较麻烦。Revit Architecture 还提供了通过导入测量数据的方式创建地形表面的方法。下面简单介绍通过导入测量数据生成地形表面的方法。可以根据以 DWG、DXF 或 DGN 格式导入的三维等高线数据自动生成地形表面。Revit Architecture 会分析数据并沿等高线放置一系列高程点。单击【体量和场地】选项卡【工具】面板中的【通过导入创建】工具下拉列表内的（选择导入实例），选择绘图区域中已导入的三维等高线数据。此时出现"从所选图层添加点"对话框。选择要应用高程点的图层，并单击"确定"。由于导入生成地形表面需要有专业的测量数据，在这里就不多做介绍。

10.2 添加建筑地坪

完成地形表面的创建之后,需要沿着建筑轮廓创建建筑地坪,平整场地表面。在 Revit Architecture 中,创建建筑地坪的方法与创建楼板的方法非常相似。接下来将介绍为"教工之家"项目添加建筑地坪。Revit Architecture 说的建筑地坪即首层室内楼板底至室外标高之间的填充层。如图 10-2-1 所示为没有添加建筑地坪和添加了建筑地坪后的对比图,下面介绍为"教工之家"添加建筑地坪的具体方法。

添加建筑
地坪

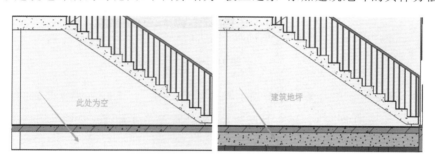

图 10-2-1

10.2.1 定义建筑地坪

1. 打开上节完成的"10.1 添加地形表面"项目文件,另存为"10.2 添加建筑地坪",保存该项目文件至指定目录。

2. 切换项目至 F1 平面视图,单击【体量和场地】选项卡【场地建模】面板中的【建筑地坪工具】,自动切换至"修改|创建建筑地坪边界"上下文选项卡,进入创建建筑地坪边界编辑状态,单击【属性】面板中的【编辑类型】按钮,打开"类型属性"对话框。以"建筑地坪 1"为基础复制名称为"教工之家-450 mm-地坪"的新族类型,如图 10-2-2 所示,单击"确定"按钮,点击"类型参数"中的"结构参数值编辑"按钮进入"教工之家-450 mm-地坪"的"编辑部件"界面,修改第 2 层"结构[1]"的"厚度"为"450.0",修改"材质"为"教工之家-碎石",如图 10-2-3 所示,设置完成后单击"确定"按钮,返回"类型属性"对话框。再次单击"确定"按钮,退出"类型属性"对话框。

图 10-2-2

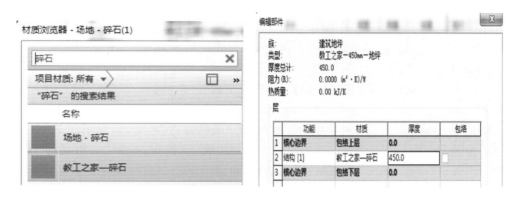

图 10-2-3

10.2.2 绘制建筑地坪

1. 修改【属性】面板"限制条件"的"标高"为"F1","自标高的高度偏移"值为"－150",如图 10-2-4 所示。首层室内楼板标高为±0.00,首层楼板的厚度为 150 mm,所以首层楼板底标高为－0.15 m,因此要绘制的建筑地坪的顶标高应该为－0.15 m,即建筑地坪标高要达到首层室内楼板底处。

2. 确认【绘制】面板中的绘制模式为"边界线",建筑地坪的绘制方式有很多,可以根据项目实际选择最便捷的绘制方式。本项目采用"拾取墙"绘制方式;确认选项栏中的"偏移值"为"0",勾选"延伸至墙中(至核心层)"选项。

图 10-2-4

3. 绘制时,绘制方式同楼板,沿着"教工之家"外墙核心层内侧拾取,生成建筑地坪轮廓边界,使用修剪工具使得绘制的轮廓线首尾相连,如图10-2-5所示,完成绘制后单击"完成编辑模式"按钮,切换至三维视图,结合剖面框观察绘制完成的建筑地坪的模型。

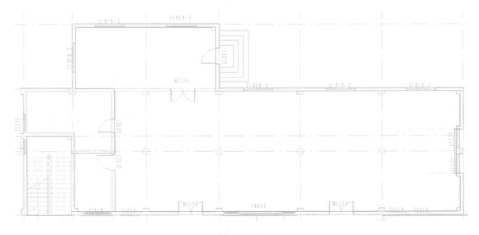

图 10-2-5

4. 卫生间墙体不需要拾取,因为卫生间的楼板标高为－0.05 m,需再建一个建筑地坪

绘制。

5. 按照上述的方法完成卫生间建筑地坪的绘制。单击【体量和场地】选项卡【场地建模】面板中的【建筑地坪】工具，自动切换至"修改|创建建筑地坪边界"上下文选项卡，进入创建建筑地坪边界编辑状态。

6. 单击【属性】面板中的【编辑类型】，打开"类型属性"对话框。以"教工之家-450 mm-地坪"为基础复制名称为"教工之家-400 mm-地坪"的文件，单击"确定"按钮。点击"类型属性"中的"编辑"按钮进入"教工之家-400 mm-地坪"的"编辑部件"界面，修改第 2 层"结构[1]"厚度为"400"，如图 10-2-6 所示，设置完成后单击"确定"按钮，返回"类型属性"对话框。再次单击"确定"按钮，退出"类型属性"对话框，对卫生间添加建筑地坪。

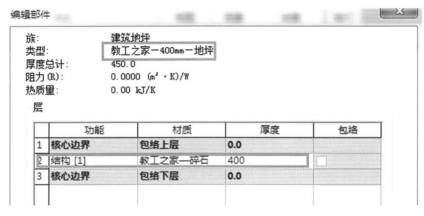

图 10-2-6

7. 修改【属性】面板中"自标高的高度偏移"值为"－200.0"，如图 10-2-7 所示，用"拾取墙的方式"绘制建筑地坪，绘制的轮廓线如图 10-2-8 所示。

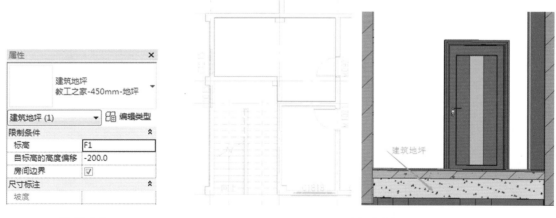

图 10-2-7   图 10-2-8

10.2.3 修改建筑地坪

建筑地坪的修改方法同建筑楼板的修改方法一样，切换项目文件至室外地坪楼层平面视图，结合"过滤器"工具选中要修改的"建筑地坪"，进入编辑边界状态，则可以对已经绘制

的建筑地坪进行修改,如图 10-2-9 所示,修改完成后单击【模式】面板中的"完成编辑模式"按钮,完成对建筑地坪的修改,完成后保存该项目文件到指定位置。

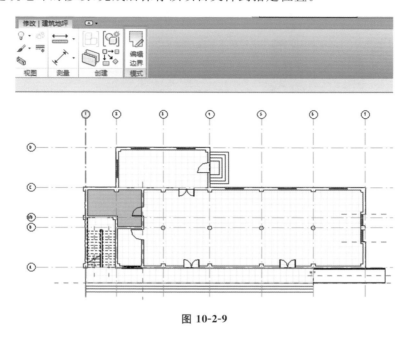

图 10-2-9

在创建建筑地坪时,可以使用"坡度箭头"工具创建带有坡度的建筑地坪,用于处理坡地建筑地坪。该功能用法与楼板工具完全相同。

♡**提示:**建筑地坪边界不能超过场地范围,否则 Revit Architecture 将无法生成建筑地坪。

10.3 创建场地道路

绘制完成地形表面模型后,还要在地形表面上添加道路、场地景观等。可以使用"子面域"或"拆分表面"工具将地形表面分为不同的区域,并为各区域指定不同的材质,从而得到更丰富的场地设计。还可以对现状地形进行场地平整,并生成平整后的新地形,Revit Architecture 会自动计算原始地形与平整后地形之间产生的挖填方量。

创建场地道路

10.3.1 绘制场地道路

1.打开上节完成的"10.2 添加建筑地坪"项目文件,另存为"10.3 创建场地道路",保存该项目文件至指定目录。

2.将项目切换至场地楼层平面视图,然后单击【体量和场地】选项卡【修改场地】面板中的【子面域】工具,自动切换至"修改|创建子面域边界"上下文选项卡,进入"修改|创建子面域边界"状态。使用直线绘制工具,按图 10-3-1 所示的尺寸绘制面域边界。结合修改工具下的拆分及修剪工具,使得子面域边界轮廓首尾相连,注意图中所标注的尺寸单位为 mm。

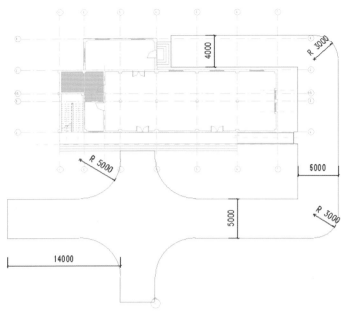

图 10-3-1

3.修改【属性】面板中的"材质"为"教工之家-沥青"，设置完成后，单击"应用"按钮应用该设置。单击【模式】面板中的"完成编辑模式"按钮，完成子面域绘制。保存该项目文件至指定目录。

10.3.2　修改子面域对象

选中已绘制的子面域，单击【子面域】面板下的【编辑边界】工具，进入子面域边界轮廓编辑状态。Revit Architecture 的场地对象不支持表面填充图案，因此即使用户定义了材质表面填充图案，也无法显示在地形表面的子面域中。

> ♡ **提示：**"拆分表面"工具与"子面域"工具功能类似，都可以将地形表面划分为独立的区域。两者的不同之处在于"子面域"工具将局部复制原始表面，创建一个新面，而"拆分表面"则将地形表面拆分为独立的表面。要删除"子面域"工具创建的子面域，直接将其删除即可，而要删除使用"拆分表面"工具创建的拆分区域，必须使用"合并表面"工具。

10.4　放置场地构件

放置场地
构件

Revit Architecture 提供了"场地构件"工具，可以为场地添加喷水池、停车场、树木等构件。这些构件都依赖于项目载入的族构件，必须先将构件族载入项目中才能使用这些构件。

1.打开上节完成的"10.3 创建场地道路"项目文件，另存为"10.4 放置场地构件"，保存该项目文件至指定目录。

2.打开学习资料第 10 章的族文件夹，将提供的".rfa"文件载入项目文件中。

3.将项目文件切换至室外地坪楼层平面视图，鼠标单击【体量和场地】选项卡下的【场地

建模】面板中【场地构件】工具，在【属性】面板中选择要添加的构件，结合图 10-4-1 及图
10-4-2在适当的位置放置羽毛球场、路灯、遮阳伞、秋千、RPC 男性、RPC 女性等场地构件。

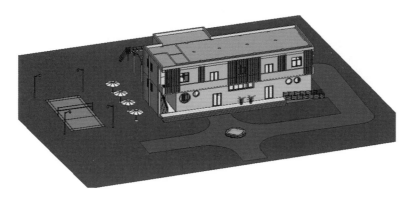

图 10-4-1

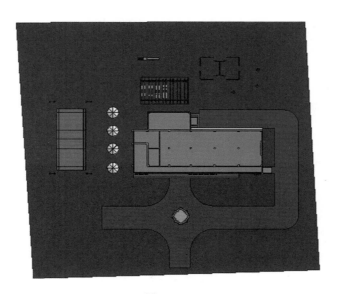

图 10-4-2

💡提示：项目中所载入的场地构件族，除在【体量和场地】下的【场地构件】的【属性】
中可以看到外，还可以在【建筑】→【构建】→【放置构件】的【属性】中同时找到。

RPC 族文件为 Revit Architecture 中的特殊构件类型族。通过制定不同的 RPC 渲染外
观，可以得到不同的渲染效果。RPC 族仅在真实模式下才会显示真实的对象样式，在三维视
图中，将仅以简化模型替代。

Revit Architecture 提供了"公制场地. rte""公制植物. rte"和"公制 RPC. rte"族样板文
件，用于自定义各种场地构件。

完成教工之家场地创建后，以"10. 4 放置场地构件"为文件名将项目文件保存到指定
位置。

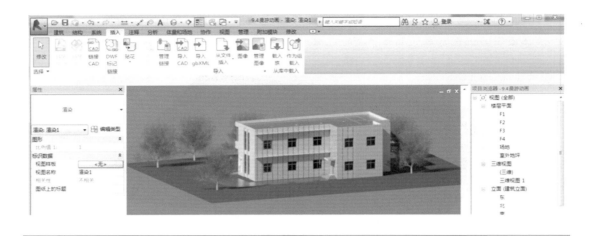

第 11 章　渲染与漫游

教学目标

通过本章的学习,了解不同的视觉样式的主要区别,熟悉添加模型文字和贴花的步骤,掌握渲染和漫游的一般步骤,完成项目的渲染图片和动画的导出。

教学要求

能 力 目 标	知 识 目 标	权　重
了解 6 种视觉样式	(1)线框模式; (2)隐藏线模式; (3)着色模式; (4)一致的颜色模式; (5)真实模式; (6)光线追踪模式	20%
熟悉添加模型文字、贴花	(1)模型文字添加重点,编辑修改模型文字; (2)放置贴花、编辑贴花的方法	35%
掌握渲染和漫游的一般步骤,完成项目渲染图片和漫游动画的制作	(1)掌握渲染的步骤,渲染图片的输出; (2)掌握漫游的步骤,编辑漫游路径,调整漫游帧,漫游动画的导出	45%

在 Revit Architecture 软件中可以使用不同的效果和内容（如照明、植物、贴花和任务）来渲染三维模型，通过视图展示模型真实的材质和纹理，还可以创建效果图和漫游动画，全方位展示建筑师的创意和设计成果。可以实时展示模型的透视效果、创建漫游动画、进行日光分析等，在同一个软件中可以完成从施工图设计到可视化设计的所有工作。

11.1　视觉样式

视觉样式

1. Revit Architecture 提供了 6 种模型的视觉样式，打开学习资料"11.1 视觉样式"项目文件，切换至三维视图，切换不同的视觉样式，观察比较不同样式之间的区别。

2. 单击【视图控制】栏中的【视图样式】按钮，如图 11-1-1 所示，软件提供了线框、隐藏线、着色、一致的颜色、真实及光线追踪 6 种视觉样式，如图 11-1-2 所示。这几种视觉样式从上至下的显示效果逐渐增强，但消耗的计算机资源依次增多，可以根据需要自行调节模型的视觉样式。

图 11-1-1　　　　　　　　　　　　　　　　　　图 11-1-2

线框样式如图 11-1-3 所示，可显示绘制了所有边和线而未绘制表面的模型的图像。

隐藏线样式如图 11-1-4 所示，可显示绘制了除被表面遮挡部分以外的所有边和线的图像。

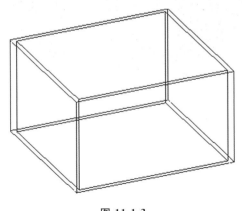

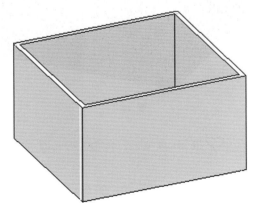

图 11-1-3　　　　　　　　　　　　　　　　　　图 11-1-4

着色样式如图 11-1-5 所示，显示处于着色模式下的图像，而且具有显示环境光阴影的选项。从"图形显示选项"对话框中选择"显示环境光阴影"，以模拟环境（漫射）光的阻挡。默

认光源为着色图元提供照明。着色时可以显示的颜色数取决于在 Windows 中配置的显示颜色数。

一致的颜色样式如图 11-1-6 所示，显示所有表面都按照表面材质颜色设置进行着色的图像。

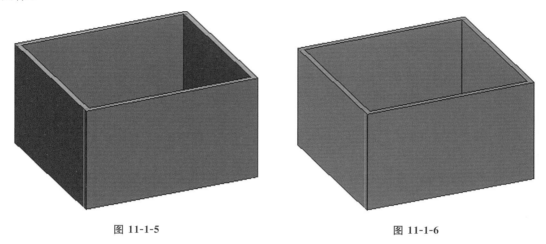

图 11-1-5   图 11-1-6

真实样式如图 11-1-7 所示，真实样式将根据图元对象所定义的材质贴图显示其真实图像。

光线追踪样式如图 11-1-8 所示，是一种照片级真实感渲染模式，该模式允许平移和缩放模型。

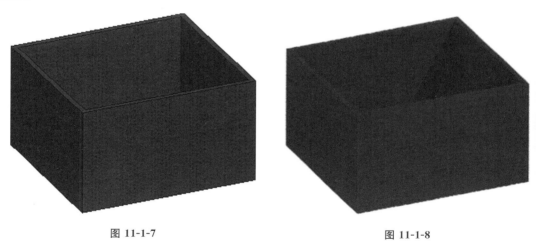

图 11-1-7   图 11-1-8

♡ 提示：在 32 位系统上不支持光线追踪样式。

11.2　添加模型文字及贴花

通过模型文字工具可以将三维文字作为建筑物上的标记加到模型中，利用贴花工具可以将标志、绘画和广告牌等放置在模型中。

添加模型文字及贴花

11.2.1 添加模型文字

1.打开上章完成的"10.4 放置场地构件"项目文件,另存为"11.2 添加模型文字及贴花",项目切换至南立面视图,保存该项目文件至指定目录。

2.单击【建筑】选项卡下【模型】面板中的【模型文字】工具,如图11-2-1 所示。进入"工作平面"设置对话框,如图 11-2-2 所示,确认勾选"拾取一个平面",点击"确定",拾取 4 轴处格栅外表面适当位置作为工作平面,进入文字编辑状态,在弹出的"编辑文字"对话框中输入"教工之家"四个字,如图 11-2-3 所示,单击"确定"后选择合适位置放置模型文字,如图 11-2-4 所示。

图 11-2-1

图 11-2-2

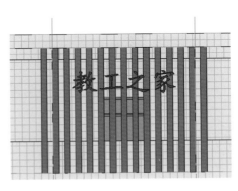

图 11-2-3   图 11-2-4

♡提示:模型文字需要放置在主体的某一个面上,所以放置模型文字时应切换至立面视图或剖面视图。

11.2.2 编辑模型文字

可以对模型文字的字体、大小、材质、颜色等进行编辑。

1. 选择"教工之家"模型文字，点击【属性浏览器】中【编辑类型】，进入"类型属性"对话框，设置"文字字体"为"楷体"，"文字大小"为"800.0"，如图 11-2-5 所示，点击"确定"完成设置。

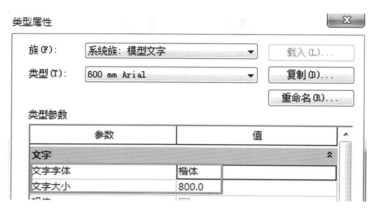

图 11-2-5

2. 点击【属性浏览器】中的【材质】，进入"材质浏览器"对话框，按图 11-2-6 设置模型文字的材质，完成设置后按"确定"退出。

图 11-2-6

> 提示：可以利用键盘的上、下、左、右键对模型文字的位置进行调整。

11.2.3 放置贴花

将项目文件切换至东立面视图，在东立面的墙体上设置贴花具体操作如下：

1.在【插入】选项卡下点击【链接】面板中的【贴花】工具,下拉选择"贴花类型"如图11-2-7所示。

2.进入贴花类型编辑状态,点击新建贴花,新建一名称为"墙体贴花"的贴花类型,点击"源"后面的"…"按钮,找到学习资料第 11 章的其他文件夹,选择"长颈鹿贴花",点击打开,完成后,如图 11-2-8 所示。

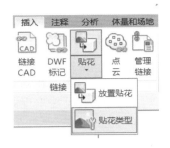

图 11-2-7

3.贴花设置完成后放置贴花,点击【插入】选项卡下【链接】面板中的【贴花】工具下的"放置贴花",在东立面视图中首层墙体靠近 A 轴线的位置放置贴花,如图 11-2-9 所示。

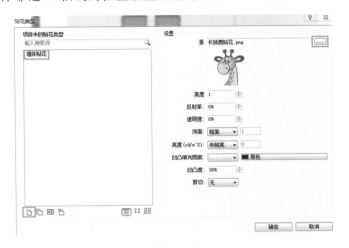

图 11-2-8

图 11-2-9

提示:贴花只有在真实模式下或在渲染后才能正确显示。

11.2.4 编辑贴花

1.放置贴花后可以对贴花的位置及大小进行编辑,选择放置的贴花,在【属性】面板中取消勾选"固定宽高比",将贴花"宽度"设置为"1700.0","高度"设置为"3000.0",如图 11-2-10 所示。

2.完成设置后,点击"应用",利用键盘的上、下、左、右键微调贴花位置,最终使贴花左下角位于 A 轴与室内起点标高交点处,在真实模式下贴花效果如图 11-2-11 所示,完成贴花设置后点击"保存"并关闭项目文件。

图 11-2-10

图 11-2-11

11.3　室外渲染

大部分建筑构件在创建完成后就可以进行渲染，以观察方案的情况，方便建筑师及时查找可能出现的问题，并进行处理。在 Revit Architecture 中要得到真实外观的效果，需要在渲染之前为各个构件赋予外观材质。

11.3.1　首层墙体赋予外观材质

本节以室外渲染为例介绍渲染过程，可以按照如下步骤进行室外渲染。首先对要渲染的构件进行外观材质的赋予，以首层墙体为例赋予首层墙体外观材质。

1.打开上节完成的"11.2 添加模型文字及贴花"项目文件，另存为"11.3 室外渲染"，项目切换至三维视图，保存该项目文件至指定目录。

2.在三维视图中，选择首层墙体，如图 11-3-1 所示，该墙体的类型为"教工之家-F1 外墙"。在第 3 章中已经给墙体制定了材质的名称和表面填充图案、截面填充图案及着色视图中的表面颜色，但这两种填充图案及颜色与渲染外观没有联系。材质的渲染外观，是材质在真实模式下及渲染后的图形效果，如要更改，可打开对象的材质，在"外观"处进行设置，选中首层任意一处墙体，进入墙体材质编辑，设置墙体"外观"下的相关参数，按照图 11-3-2 所示，选择"大理石"，完成外观设置，将项目的视觉样式切换至真实，可以看到外墙材质显示的变化情况，如图 11-3-3 所示。

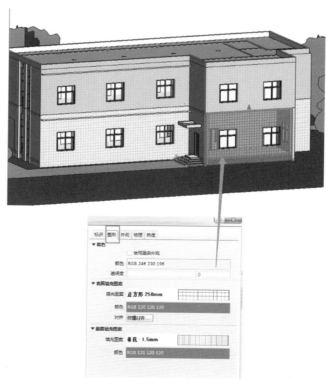

图 11-3-1

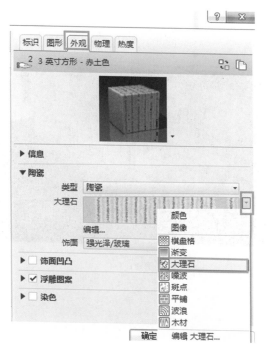

图 11-3-2

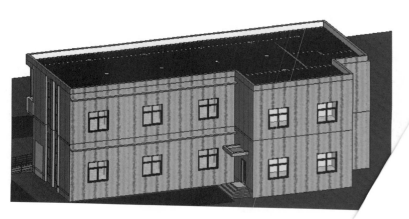

图 11-3-3

11.3.2　创建三维透视图

Revit Architecture 提供了两种渲染方式,一种是单机渲染,[
推出的云渲染。单机渲染是利用本机设置相关参数,进行渲染
使用 Autodesk 云渲染服务器进行在线渲染。

设置好墙体材质后,下面对"教工之家"模型采用单机渲
染之前要利用相机工具,为项目添加透视图,再对透视图

1. 创建三维透视图:将项目文件切换至 F1 楼层平
面板中的【三维视图】工具下拉菜单中的"相机",确认
为"1750",在视图中选择左下角适当的位置放置相

渲染
目文件
5框,设

击鼠标左键生成三维透视图,如图 11-3-4 所示。

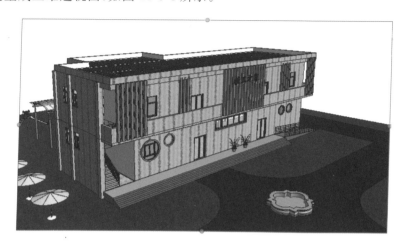

图 11-3-4

> 💚**提示**:若取消勾选"透视图",则会创建出正交三维视图而不是透视视图。偏移量表示相机的高度。

2.编辑三维透视图:在创建的三维透视图四周,有四个边界控制点 ⬤,可以通过拖拽控制点调节视图范围的大小。

切换至 F1 楼层平面视图,可以看到相机范围形成了一个三角形,相机中间有个红色夹点🔷,可以拖拽该点调整视图方向;三角形的底边表示远端的视图距离,也可以通过拖拽蓝夹点 ◌ 进行移动,若"图元属性"中设置不勾选"远裁剪激活"选项,则视距会变得无穷将不再与三角形底边距离相关;该对话框中"视点高度"表示相机高度,"目标高度"表示终点高度,如图 11-3-5 所示。

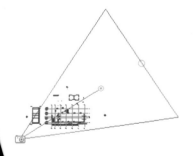

范围		▲
裁剪视图	☑	
裁剪区域可见	☑	
远剪裁激活	☑	
远剪裁偏移	119155.7	
剖面框	☐	
相机		▲
渲染设置	编辑...	
锁定的方向	☐	
透视图	☑	
视点高度	1750.0	
目标高度	1750.0	
相机位置	指定	

图 11-3-5

及输出图像

切换至三维视图,点击【视图】选项卡【图形】面板中的【渲染】工具,将弹出置对话框中的相关参数,如图 11-3-6 所示,设置"质量"为"中",质量越高图

形越精细,同时占用计算机内存较大;设置"输出设置"中"打印机"为"300 DPI",此处设置图像的分辨率,选择打印机模式可以设置更高的分辨率;设置"照明"为"室外:仅日光",此处可以设置日光和人造光源;"日光设置"设为"来自左上角的日光",可以根据地域及时间设置;"背景"的"样式"设置为"天空:多云",此处表示渲染后模型的背景图片或颜色。设置完成后点击"渲染",图片进入渲染状态,渲染速度取决于计算机的配置情况,如 CPU 数量多频率高则渲染快,渲染完成后的效果如图 11-3-7 所示;渲染完成可以点击"保存",在弹出的对话框中将渲染的图片命名为"室外渲染";点击"导出"也可以将图片导出。完成后保存项目到指定位置。

图 11-3-6

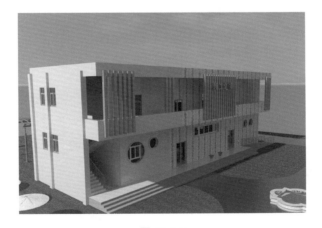

图 11-3-7

11.3.4　云渲染

使用 Autodesk 提供的云渲染服务时,点击【视图】选项卡下【图形】面板中的【Cloud 渲染】工具,会弹出"在 Cloud 中渲染"对话框,提示如何使用云渲染工具,如图 11-3-8 所示,用户可以根据提示进行操作,点击"继续"按钮,在弹出的对话框中设置参数,如图 11-3-9 所示,设置完成后单击"开始渲染"按钮,软件就开始渲染,渲染完成后,软件会自动提示,可以在网页中下载已经渲染好的视图图像。

图 11-3-8

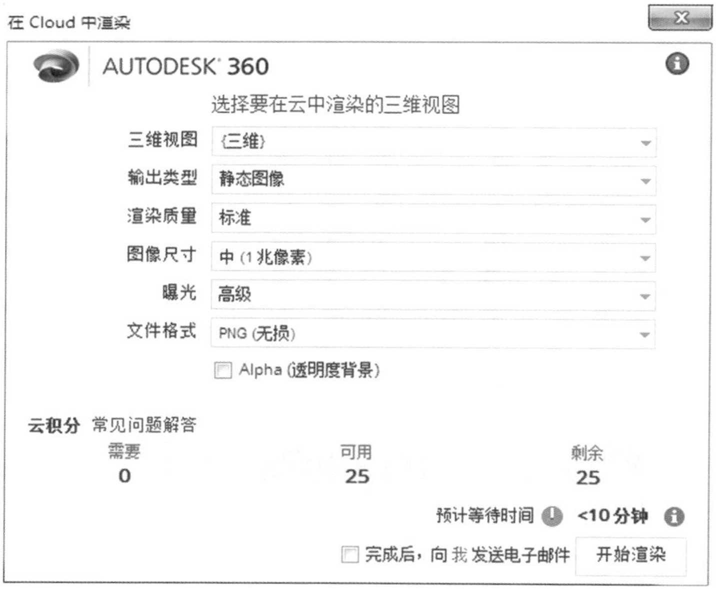

图 11-3-9

♡提示: 使用云渲染, 必须要有 Autodesk 账户, 可以自己注册一个账号并使用。

除上述介绍的两种渲染方式之外, 也可以将 Revit 文件导入其他软件进行渲染, 如 3ds Max、Lumion、Artlantis。需要在 Revit Architecture 中安装插件才能导出, Lumion、Artlantis、3ds Max 可以直接导出 FBX 格式文件。

11.4　漫游动画

　　Revit Architecture 还提供了"漫游"工具，可制作漫游动画，使用户更直接地观察建筑物，有身临其境的感觉。

11.4.1　设置漫游路径

　　1.打开上节完成的"11.3 室外渲染"项目文件，另存为"11.4 漫游动画"，切换至 F1 楼层平面视图，保存该项目文件至指定目录。

　　2.点击【视图】选项卡下【创建】面板中的【三维视图】工具，在弹出的下拉菜单中选择"漫游"，选择适当的起点，沿建筑物外墙四周添加相机及漫游的关键帧，每单击一次鼠标即添加一个相机视点的位置，如图 11-4-1 所示，添加完成后，按 Esc 键完成漫游路径的设置，或单击【修改|漫游】上下文选项卡中【漫游】面板的【完成漫游】工具 ✔ ，完成漫游后 Revit 会自动在【项目浏览器】面板下新创建一个名称为"漫游"的视图类别，并在该类别下生成一个"漫游 1"视图。

11.4.2　编辑漫游路径

　　设置完漫游路径后，一般需要适当调整才能得到建筑物的最佳视角。

　　1.在 F1 平面视图中选择漫游路径，点击【修改|相机】上下文选项卡下【漫游】面板中的【编辑漫游】工具，此时漫游路径进入可编辑状态，可以看到 Revit Architecture 选项栏中的"控制"中有"活动相机""路径""添加关键帧"和"删除关键帧"四种修改漫游路径的方式，如图 11-4-2 所示。

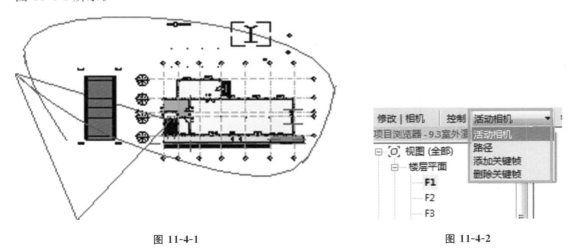

图 11-4-1　　　　　　　　　　　　　　　　　图 11-4-2

　　2.图 11-4-3 和图 11-4-4 分别是选择"活动相机"和"路径"后的显示效果。可以看到选择"活动相机"，视图中会出现相机，并且可以沿着路径移动相机进而调整每个关键帧处的相机的目标点高度、视距、视线范围等；选择"路径"，视图中漫游路径会出现蓝色的圆点，可以通过拖动蓝色的圆点调整每个关键帧处的相机的目标点高度、视距、视线范围等。同时也可以切换至漫游视图，通过拖动漫游视图中的剪裁边框的夹点调整漫游视图的高度和宽度。

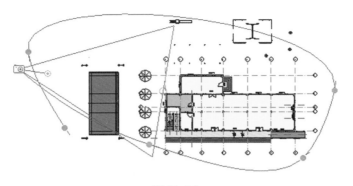

图 11-4-3

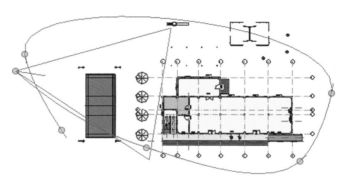

图 11-4-4

11.4.3　调整漫游帧

设置好路径后,可以对将要生成的漫游动画总帧数及关键帧的速度进行设置。点击【属性】栏中"其他"参数"漫游帧 300",会弹出"漫游帧"对话框,如图 11-4-5 所示,可以看到一共

关键帧	帧	加速器	速度(每秒)	已用时间(秒)
1	1.0	1.0	5374 mm	0.1
2	78.5	1.0	5374 mm	5.2
3	118.1	1.0	5374 mm	7.9
4	143.7	1.0	5374 mm	9.6
5	172.7	1.0	5374 mm	11.5
6	217.7	1.0	5374 mm	14.5
7	244.9	1.0	5374 mm	16.3

漫游帧

总帧数(T)：300　　总时间：20

☑匀速(U)　　帧/秒(F)：15

☐指示器(D)

帧增量(I)：5

确定　　取消　　应用(A)　　帮助(H)

图 11-4-5

有 7 个关键帧,即我们在 F1 楼层平面所添加的视点数,我们可以根据需要进行"总帧数"的设置,调整动画的播放速度。取消勾选"匀速",则可以设置每帧的"加速器"。漫游动画的"总时间"等于总帧数/帧率(帧/秒)。

11.4.4　播放及导出动画

设置好路径的相关参数,在漫游视图中选择漫游的裁剪边框后选择"编辑漫游",可以进入【修改|相机】上下文选项卡,如图 11-4-6 所示,点击"播放"可以播放漫游动画。

图 **11-4-6**

♡提示:在漫游视图中,将视觉样式切换至着色或真实模式,将会看到更逼真的效果。

播放动画后如果满意,可以将漫游动画导出,点击"应用程序"按钮→"导出"→"图像和动画"→"漫游",可以将漫游动画导出成视频文件格式。导出完成后点击"保存"并关闭此项目文件。

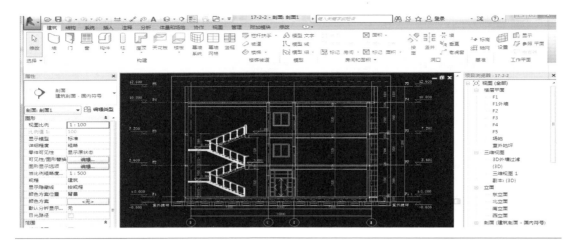

第 12 章　图形注释

教学目标

通过本章的学习,了解图形尺寸标注的方法及应用,完成平面图、立面图和剖面图设计中需要注释的内容。

教学要求

能 力 目 标	知 识 目 标	权　重
了解尺寸标注的方法、应用	(1)对齐标注; (2)线性标注; (3)角度标注; (4)径向标注; (5)弧长标注; (6)直径标注	20%
掌握平面图、立面图和剖面图注释	(1)平面图注释:添加尺寸标注、添加符号和高程点; (2)立面图注释:轮廓线加粗、标高标注; (3)剖面图注释:剖面图生成、注释	80%

利用 Revit Architecture 完成模型设计后,可以在不同的视图中添加尺寸标注、高程点、文字、符号等注释信息,对平面图及立面图、剖面图等按我国出图标注进行注释,然后将生成的图纸,导出为 CAD 格式文件或直接打印。

12.1　添加标注信息

添加标注
信息

施工图纸中要完整地表达图形的信息,需要对构件进行尺寸标注,一般平面图中需进行三道尺寸线的标注,包括第一道总尺寸、第二道轴线尺寸、第三道细部尺寸,同时还需添加必要的符号,如指北针等。

打开“11.3 室外渲染”项目文件,另存为“12.1.1 添加尺寸标注”,并保存文件至指定位置,切换该文件至 F1 楼层平面视图。

12.1.1　添加尺寸标注

1.利用“VV”快捷键,将视图中的场地添加的构件及参照平面进行隐藏。Revit Architecture 2016 中提供了 6 种不同形式的尺寸标注,有“对齐”“线性”“角度”“径向”“直径”和“弧长”,如图 12-1-1 所示。下面对“教工之家”项目的首层平面视图进行尺寸标注,介绍不同的标注形式的具体含义和用法。

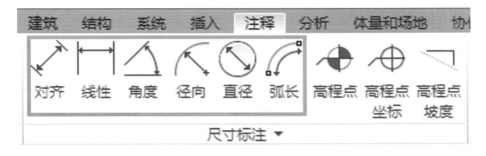

图 12-1-1

♡提示:在隐藏场地构件对象时,添加的植物、照明设备、环境等属于模型类别,而参照平面属于注释类别。

2.在 F1 楼层平面视图中,调整轴线的位置,拖动轴线控制点,为后面的尺寸标注留出足够的位置。首先对 D 轴线的构件进行第三道尺寸标注,即细部尺寸标注,在【注释】选项卡下的【尺寸标注】面板中,选择【对齐】工具,自动切换至“修改|放置尺寸标注”上下文选项卡,此时【尺寸标注】面板中的“对齐”标注模式被激活。设置对齐标注的标注样式,选择【属性】栏中的【编辑类型】进入“类型属性”对话框,复制“对角线-3 mm RomanD”标注样式,重命名为“教工之家线性标注”,如图 12-1-2 所示。按如下要求设置“类型参数”:将“尺寸界限长度”设置为“8 mm”;“尺寸界限延伸”设置为“2 mm”;“颜色”设置为“绿色”;“文字大小”设置为“3.5 mm”。如图 12-1-3 所示。完成设置后单击“确定”退出类型属性编辑状态。

图 12-1-2

图 12-1-3

3.确认选项栏中的尺寸标注捕捉位置为"参照核心层表面",如图 12-1-4 所示,尺寸标注"拾取"方式为"单个参照点"。鼠标依次单击 D 轴线上 2 轴线处及 C1818-2 窗洞口边缘等位置,按图 12-1-5 箭头所示的具体位置,Revit Architecture 在拾取点之间生成尺寸标注预览,拾取完成后向上移动鼠标指针,使得当前的尺寸标注预览完全位于 D 轴线外侧,单击视图中任意空白处位置完成 D 轴线处细部尺寸标注。

图 12-1-4

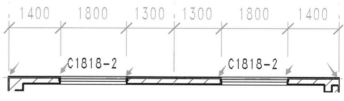

图 12-1-5

4.按同样的方法完成 D 轴线处的第二道尺寸标注及第一道尺寸标注。

5.使用"对齐"尺寸标注命令完成首层平面图中所有的尺寸标注。完成后保存并关闭项目文件。

> ♡**提示**：利用拖拽文字夹点，可将文字拖拽到适合的位置，取消勾选选项栏中"引线"选项，拖拽文字夹点，放置到合适位置，如图 12-1-6 所示；利用移动尺寸界限可将尺寸界限移至其他位置；尺寸界限长度表示在类型属性设置时的尺寸界限长度值。

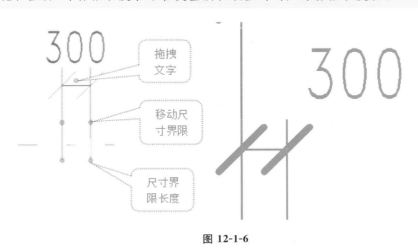

图 12-1-6

12.1.2　添加符号

利用注释中"对齐"等命令完成基本标注后，需要对图纸添加必要的符号，如标高符号、坡度符号、指北针等，下面接着为"教工之家"项目添加各类符号。

打开上节完成的"12.1.1 添加尺寸标注"项目文件，另存为"12.1.2 添加符号"，保存文件至指定位置，切换该文件至 F1 楼层平面图。

1.添加高程点符号。点击【注释】选项卡下【尺寸标注】面板中的【高程点】工具，自动切换至"修改|放置尺寸标注"上下文选项卡，设置【属性】面板类型为"高程点三角形（项目）"。点击【编辑类型】，进入"属性类型"对话框，复制并新建名称为"教工之家-零点高程点标注"的族类型，点击"确定"。按如下要求设置"类型参数"，设置"颜色"为"绿色"，设置"文字字体"为"仿宋"，其中"文字距离引线的偏移量"为"3.0000 mm"，即高程点文字在垂直方向偏移高程点符号 3 mm；单击"单位格式"参数后的按钮，打开"格式"对话框，不勾选"使用项目设置"选项，即高程点中显示的高程值不受项目单位设置影响；设置"单位"为"m"，设置"舍入"为"3 个小数位"，即高程点显示小数后 3 位；设置单位符号为"无"，即不带单位，完成后单击"确定"按钮，返回"类型属性"对话框。

2.继续设置高程点参数，设置"文字与符号偏移量"为"6.0000 mm"，即高程点文字与符号在水平方向上向右偏移 6 mm，若想向左偏移则输入值为负即可；确认"文字方向"为"水平"，"文字位置"在"引线之上"，在"高程指示器"处输入"±"，确认"高程原点"设置为"项目基点"，"作为前缀/后缀的高程指示器"方式为"前缀"，即在高程文字前显示±，设置完成后单击"确定"退出"类型属性"对话框。设置情况如图 12-1-7 和图 12-1-8 所示。

图 12-1-7

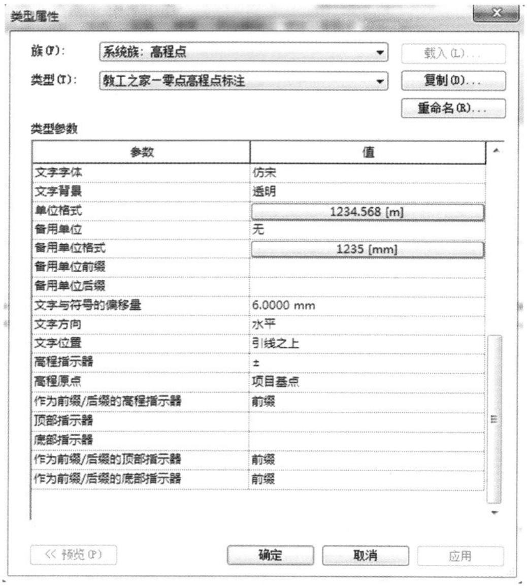

图 12-1-8

3. 对首层平面图进行高程点的标注,不勾选选项栏中的"引线",确认"显示高程"为"实际(选定)高程",如图 12-1-9 所示。切换项目的视觉样式为"着色"模式,放大"教工之家"4号和 5 号轴线位置,选择恰当的位置放置高程点符号,可上、下、左、右移动鼠标指针,控制高程点符号方向,当高程点符号如图 12-1-10 所示时,单击完成标注高程点符号。

图 12-1-9

4.复制、新建名称为"教工之家-其他高程点标注"的高程点类型,修改"类型参数"中的"高程指示器",将"±"符号去掉,此标注类型用于标注除±0.000外的其他房间的高程点的标注,如图12-1-11所示。完成高程点标注后,可切换视觉样式为"线框"模式。

图 12-1-10　　　　　　　　　　　图 12-1-11

❤提示:关于高程点的标注,在"线框"模式下,只能捕捉到楼板的边缘,在楼板边缘处标注高程点,除"线框"外的其他视觉样式可以在楼板的任意位置进行高程点的标注。

12.1.3　添加高程点坡度

屋顶或者有排水坡度的房间,需要添加高程点坡度符号。Revit Architecture 提供了"高程点坡度"标注工具,该工具用于为带有坡度的图元对象进行标注,生成坡度符号,自动提取图元的坡度值高程点和坡度符号,与模型联动(此种标注方法类似高程点标注);如果不希望自动提取高程值或不便于进行坡度建模,还可以采用二维符号以满足标注的要求。下面介绍以第二种方法为屋面添加坡度符号,将"教工之家"项目文件切换至 F3 楼层平面图,单击【注释】选项卡【符号】面板【符号】工具,系统自动切换至"修改|放置符号"上下文选项卡,选择【属性】面板"符号类型"为"符号_排水箭头",单击 2 轴线右侧空白位置放置坡度符号,利用空格键切换符号的方向,放置完坡度符号后按 2 次 Esc 键退出放置符号状态。

修改坡度值,单击选择上一步放置的坡度符号的坡度值,进入【修改|常规注释】上下文选项卡,修改【属性】面板"排水坡度"值为"2%",作为该处的坡度值。用同样的方法标注其他位置处的坡度值,完成标注后保存该项目文件至指定目录,并关闭项目文件。

使用"符号"工具时,所有的符号都是族文件,必须先载入相应的族文件,Revit Architecture 提供了"常规注释.rte"族样板文件,可以利用该样板文件新建任意形式的注释符号,如指北针、索引符号、标高符号等。

12.2　立面和剖面施工图

Revit Architecture 完成建筑设计后,如果要出 CAD 图,仍然要对平面图和立面图、剖面图等进行相关的细节处理,如上一节中对平面图进行标注,即符号的添加,接下来介绍立面图及剖面图的深化处理。

立面和剖面
施工图

12.2.1　立面施工图

按照我国的制图规范,立面图要进行标高标注,对立面图的轮廓线进行加粗,接下来以"教工之家"南立面图为例介绍深化立面图的方法和步骤。

1.打开上一节完成的"12.1.2 添加符号"文件,另存为"12.2 立面施工图",保存文件至指定位置,切换该文件至南立面视图。

2.建筑立面图主要反映建筑物在对应面的投影,反映建筑的高度信息、门窗位置信息及室外台阶坡道信息等,对于场地的植物、室外的水池及室外地坪以下的内容一般不显示,所以要将不需要显示在立面图中的图元隐藏,然后再进行轮廓线的加粗及标注等操作。

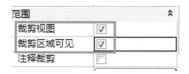

图 12-2-1

3.隐藏不需要显示的图元。在南立面视图中,勾选【属性】栏中的"裁剪视图"和"裁剪区域可见",如图 12-2-1 所示,然后在视图中调节裁剪区域,拖拽裁剪框下方的夹点,将"教工之家"室外地坪以下的部分裁剪掉;利用"VV"快捷键,将场地添加的构件图元隐藏。

4.加粗轮廓线。选中【注释】选项卡中【详图】面板中的【详图线】工具,将切换至"修改|放置详图线"上下文选项卡,设置"线样式"类型为"宽线",如图 12-2-2 所示,拾取南立面视图墙体外轮廓线,此时外轮廓线将自动变为宽线,设置完成后按 Esc 键退出放置详图线模式。

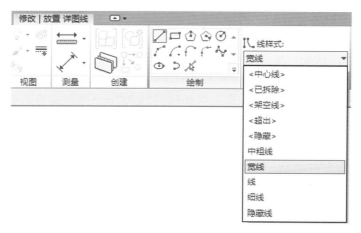

图 12-2-2

5.尺寸标注。对楼层的层高进行标注,利用 12.1 节所介绍的标注的方法对立面图进行层高的标注及总高度的标注,并对窗台底进行标高的标注。

6.外墙装饰作法的标注。选择【注释】选项卡下【文字】面板中的【文字】工具,系统将自动切换至"修改|放置文字"上下文选项卡,设置【属性】面板当前文字类型为"文字仿宋_3.5 mm",点击【属性】面板中的【编辑类型】,进入"类型属性"设置对话框,修改"颜色"为"绿色",其他设置保留默认设置,单击"确定"退出"类型属性"对话框,在"放置文字"上下文关联选项卡中,设置【格式】面板中文字水平对齐方式为"左对齐",设置【引线】面板中文字引线方式为"二段引线",如图 12-2-3 所示。

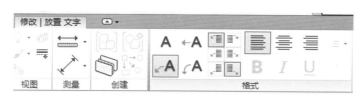

图 12-2-3

7.单击立面图中二层墙体的任意位置作为引线起点,垂直向上移动鼠标指针,绘制垂直方向引线,在视图空白处上方生成第一段引线,再沿水平方向向右移动鼠标并绘制第二段引

线,进入文字输入状态,输入"蓝色瓷砖",完成后单击空白处任意位置,完成文字输入,结果如图 12-2-4 所示。

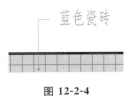

　　8.修改轴网显示。选中 2 号～6 号轴线,单击鼠标右键选中在视图中隐藏图元,将 2 号～6 号轴线在南立面视图中隐藏,将 1 号和 7 号轴线设置为两端显示轴号。完成设置后保存并关闭该文件。

图 12-2-4

12.2.2　剖面施工图

　　剖面图的优化方法同平面图及立面图的优化方法,下面以"教工之家"楼梯处剖面图为例介绍剖面图的优化。

　　首先要生成剖面图,接上一节文件,将项目切换至 F1 楼层平面视图,单击【视图】选项卡下【创建】面板中的【剖面】工具,将进入"修改|剖面"上下文选项卡,在平面图中楼梯的左梯段的适当位置绘制剖面线,将会生成一个可以调节大小的剖切框,可根据需要调整剖切框的大小,鼠标选中剖面线,右键选择进入"转到视图",进入剖面视图。接下来对剖面图进行优化。

　　♡提示:平面视图中每放置一个剖面符号,均将在"项目浏览器"中的"剖面(建筑剖面)"中生成对应的视图。

　　1.添加高程点符号。利用【注释】选项卡【尺寸标注】面板的"高程点"工具,在休息平台处及楼层平台处添加高程点符号。

　　2.尺寸标注。使用"对齐"标注总高度尺寸及标注各梯段的高度,如图 12-2-5 所示。选择上一步中创建的尺寸标注的尺寸文字,双击"2333",弹出"尺寸标注文字"对话框,如图 12-2-6 所示,选择"以文字替换",在对话框内输入"166.7×14",完成后单击"确定"按钮,退出"尺寸标注文字"对话框;同时 Revit Architecture 同 Autodesk CAD 一样,可以通过为标注尺寸添加前缀或后缀进行标注,双击选择上一步标注的文字"2167",弹出"尺寸标注文字"对话框,如图 12-2-7 所示,将"前缀(P)"设置为"166.7×13=完成后单击"确定"退出"尺寸标注文字"对话框。设置完成后如图 12-2-8 所示。完成标注后点击"保存",并关闭该文件。

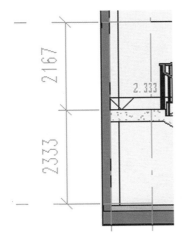

图 12-2-5

图 12-2-6

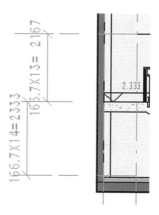

图 12-2-7

图 12-2-8

第 13 章　Revit 统计

🔑教学目标

通过本章的学习，了解 Revit 统计相关知识，熟悉创建房间面积和图例的方法，重点掌握门窗明细表、材料统计表的创建。

🔑教学要求

能 力 目 标	知 识 目 标	权　　重
了解 Revit 统计	（1）房间面积、体积； （2）明细表统计； （3）材质统计	10%
熟悉房间面积和图例创建方法	（1）房间名称、面积生成； （2）名称修改； （3）创建房间图例	30%
掌握门窗明细表和材料统计表的创建	（1）门窗明细表创建，字段确定、过滤条件、排列成组、格式和外观的设置； （2）材料统计表的创建	60%

Revit Architecture 模型创建完成后，利用软件的"房间"工具创建房间，配合"标记房间"和"明细表"统计项目房间信息，可以统计出平面面积、占地面积、套内面积等信息，还可以利用"明细表"功能对图元数量、材质数量、图纸列表、视图列表等进行统计。

13.1 房间和面积统计

房间和面积统计

Revit Architecture 可以利用"房间"工具在项目中创建房间对象。"房间"属于模型对象类别，可以像其他模型对象图元一样使用"标记房间"提取显示房间参数信息，如房间名称、面积、用途等。

13.1.1 创建房间

在 Revit Architecture 中为模型创建房间，要求对象必须具有封闭边界，模型中的墙、柱、楼板、幕墙等均可作为房间边界。

1. 打开在第 10 章中完成的"10.4 放置场地构件"项目文件，另存为"13.1 房间和面积统计"，切换项目至 F1 楼层平面视图，保存该项目文件至指定目录。

2. 设置房间面积和体积的计算规则，单击【建筑】选项卡【房间和面积】面板中的黑色三角形图标 ▼，展开"房间和面积"菜单，单击"面积和体积计算"工具，弹出"面积和体积计算"对话框，如图 13-1-1 所示，设置"房间面积计算"方式为"在墙核心层"。

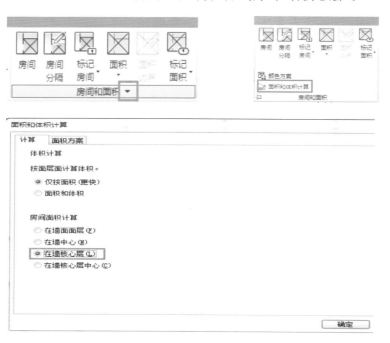

图 13-1-1

3. 放置房间标记。单击【建筑】选项卡下的【房间和面积】面板中的【房间】工具，如图 13-1-2所示，在列表中选择"房间工具"，将切换至"修改|放置房间"选项卡，进入房间放置模式。在【属性】面板中选择房间的编辑类型为"标记_房间-有面积-施工-仿宋-3 mm-0.67"，同时设置"限制条件"中的"高度偏移"为"3000.0"，如图 13-1-3 所示，然后移动鼠标指针至"教

工之家"任意房间内,Revit Architecture 将以蓝色显示自动搜索到的房间边界,如图 13-1-4 所示,单击鼠标放置房间,同时生成房间标记,并显示房间名称和房间面积。

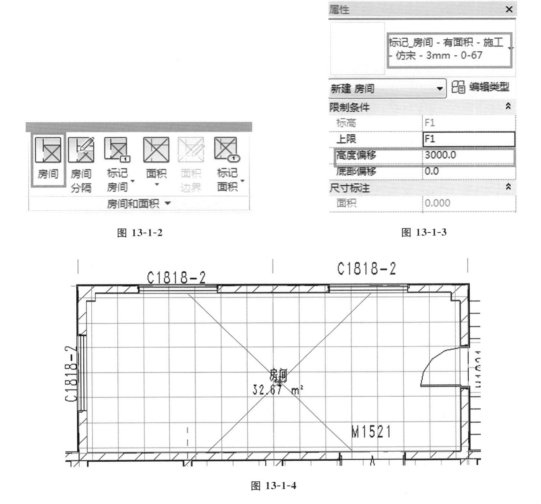

图 13-1-2　　　　　　　　　　　　　　　　　　　图 13-1-3

图 13-1-4

4.楼梯间 A 轴线处没有外墙,不能直接标记房间,可先用【房间分隔】工具将其封闭,如图 13-1-5 和图 13-1-6 所示,然后再用【房间】工具对其进行房间标记。

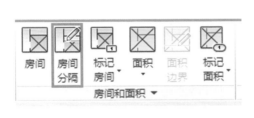

图 13-1-5

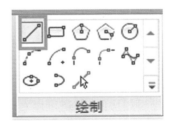

图 13-1-6

5.修改房间名称。可以通过两种方式修改房间名称。其一,在已经创建房间对象的房间内移动鼠标指针,双击"房间"两个字,如图 13-1-7 所示,可以直接修改其房间名称;其二,鼠标在房间内移动时当房间对象呈高亮显示时单击选择房间(不是选择房间标记),选中后

在【属性】面板中可以直接修改"标识数据"下的"名称"，对房间名称进行修改，如图 13-1-8 所示。

图 13-1-7   图 13-1-8

6.将"教工之家"的各房间名称按图 13-1-9 所示名称命名。

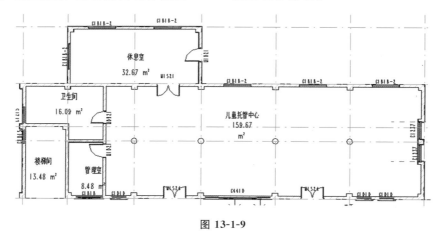

图 13-1-9

💗提示：可以修改房间标记名称，也可以对其进行删除，但是需要注意的是房间标记和房间对象是两个不同的图元，即使删除了房间标记，房间对象还是存在的。

13.1.2 房间图例

完成添加房间后，还可以对房间进行添加图例，并采用颜色块等，以清晰地表达房间范围、分布等。将项目文件切换至 F1 平面视图，在【项目浏览器】面板中"楼层平面"视图中选中"F1"，点击鼠标右键，在弹出的菜单中选择"复制视图"的"复制"命令，点击鼠标右键，在弹出的菜单中选择"重命名"，在弹出的对话框中将视图名称修改为"F1-房间图例"，如图 13-1-10所示。切换至 F1-房间图例楼层平面视图，可以看到房间标记的名称并没有显示出来。

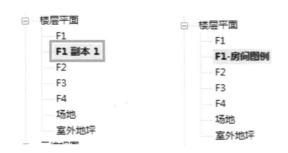

图 13-1-10

♥ **提示**：在设置房间图例时，可以利用"VV"快捷键（可见性图形），将一些例如参照平面、植物、场地构件等不需要显示的图元隐藏。

1. 生成房间标记。选择【建筑】选项卡下【房间和面积】面板中的【标记房间】工具中的"标记房间"，设置标记属性为"标记_房间-无面积-方案-黑体-4.5 mm-0.8"，如图 13-1-11 所示，将鼠标移至各房间，由于上一节已经设置了房间的属性，因此视图中各房间对象会自动生成房间正确的名称，点击鼠标左键至各房间，完成各房间的标记。完成后按 2 次 Esc 键退出放置房间标记命令。

图 13-1-11

2. 选择【建筑】选项卡下【房间和面积】面板的黑色三角图标 ▼ 展开"房间和面积"菜单，选择"颜色方案"，如图 13-1-12 所示，在弹出的对话框中做相关设置，"方案"的"类别"选择"房间"，"标题"名称改为"F1 房间图例"，"颜色"选择"名称"，在弹出的"不保留颜色"对话框中单击"确定"按钮，在颜色定义列表中自动为项目中所有房间名称生成颜色定义，可以根据需要修改房间颜色，点击每个房间对应的"颜色"进入颜色修改状态，可以根据需要自行修改，完成后单击"确定"，完成设置如图 13-1-13 所示。

图 13-1-12

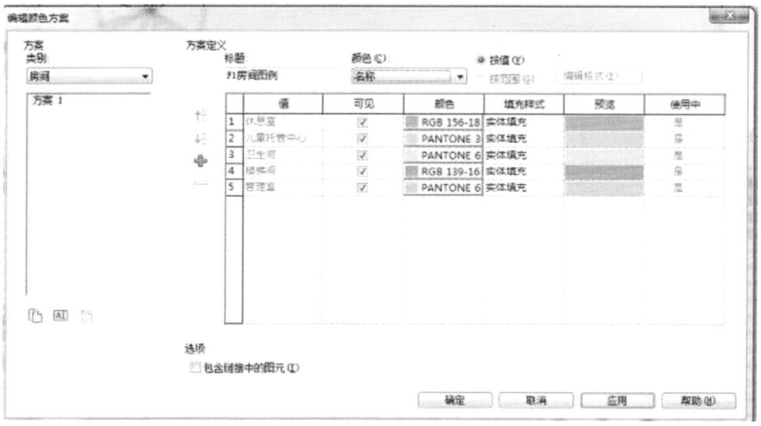

图 13-1-13

3. 选择【注释】选项卡下的【颜色填充】面板中的【颜色填充图例】工具，点击【属性】面板中的【编辑类型】，在弹出的"类型属性"对话框中将"显示的值"设置为"按视图"，勾选"显示标题"，如图 13-1-14 所示。然后点击"确定"退出"类型属性"对话框。在视图中空白处单击鼠标左键，放置图例，在弹出的"选择空间类型和颜色方案"对话框中将"空间类型"设置为"房间"，如图 13-1-15 所示，点击"确定"完成图例放置。添加图例后的房间效果如图 13-1-16 所示。

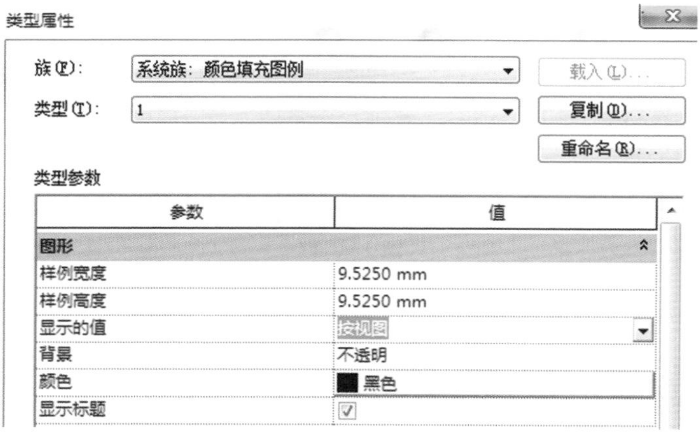

图 13-1-14

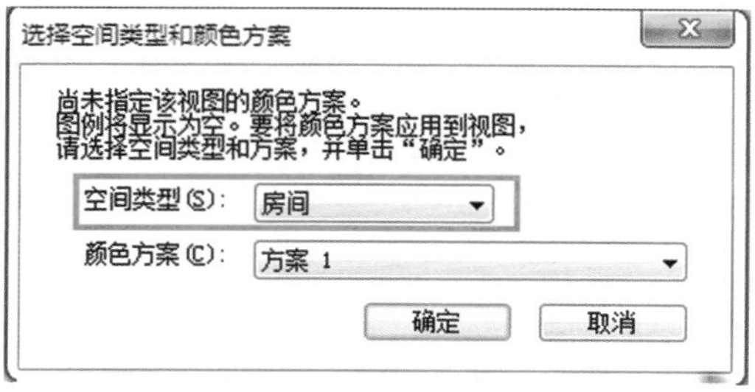

图 13-1-15

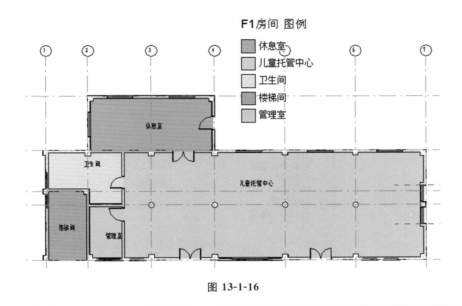

图 13-1-16

♡ **提示：** 房间图例仅在当前视图中有效，在其他楼层平面中不会显示。

4. 完成本节操作，保存文件至指定位置后关闭退出。

13.2　明细表统计

明细表统计

使用 Revit Architecture 中"视图"下的"明细表/数量"工具，可以对对象类别进行统计并列表显示项目中各类模型图元的信息。可以统计出房间的面积，墙体的材料，门窗的高度、宽度、数量、面积等信息。

门窗统计表的制作过程如下。

1. 打开上节完成的"13.1 房间和面积统计"项目文件，另存为"13.2 门窗统计表"，切换项目至 F1 楼层平面视图，删除上一节所创建的"F1-房间图例"视图，保存该项目文件至指定目录。

2. 新建窗统计表。单击【视图】选项卡下【创建】面板中的【明细表】工具，如图 13-2-1 所示，展开下拉菜单，选择"明细表/数量"，如图 13-2-2 所示，进而进入"新建明细表"对话框，如图 13-2-3 所示。

图 13-2-1

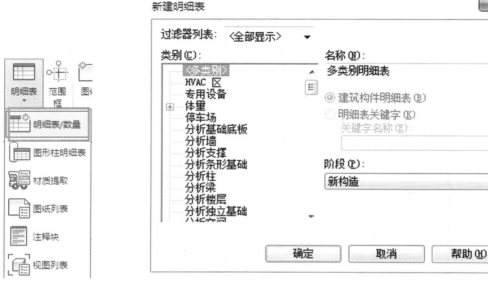

图 13-2-2   图 13-2-3

3. 在"类别"中选择"窗"，修改名称为"教工之家窗统计表"，确认选择"建筑构件明细表"，单击"确定"按钮，如图 13-2-4 所示。进入"明细表属性"对话框，"明细表属性"中含有"字段""过滤器""排序/成组""格式"和"外观"五部分内容。先对"字段"进行设置，在"可用的字段"中首先选择"族与类型"点击"添加"，则"族与类型"就会被添加到明细表字段，之后把"宽度""高度""合计"添加到明细表字段中，如果需要调整顺序可以点击明细表字段下面的"上移"和"下移"进行顺序调整，如图 13-2-5 所示。

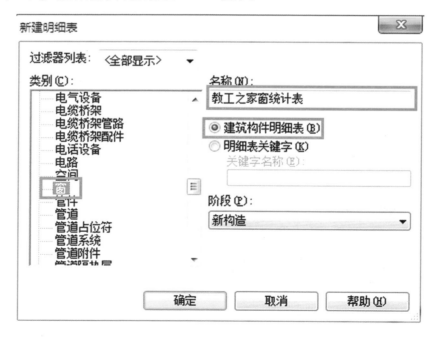

图 13-2-4

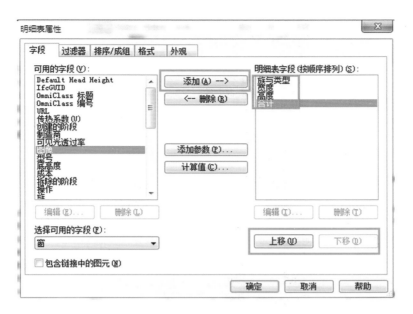

图 13-2-5

4. 接下来设置"排序/成组","排序方式"选择"族与类型",不勾选"逐项列举每个实例",完成"排序成组"的设置。"过滤器""格式"和"外观"可以根据需要自行设置。设置完成后点击"确定",进入明细表视图,如图 13-2-6 所示。在"教工之家窗统计表"中,可以显示出所有窗的"族与类型"及对应的"宽度""高度"及"合计"。

\<教工之家窗统计表\>			
A	B	C	D
族与类型	宽度	高度	合计
C1010: C1010	1000	1000	3
C1237: C1237	1200	3700	4
C1818: C1818			1
C4410: C4410	4400	1000	1
带亮双扇窗: C	1000	1500	2
带亮双扇窗: C	1200	1500	2
带亮双扇窗: C	1800	1800	3
带亮双扇窗: C	1800	1800	12

图 13-2-6

♡提示:窗"C1818:C1818"没有显示宽度和高度,因为该窗是圆形窗户。窗的名称是由窗族决定的。

5. 还可以对明细表进行添加公式,以进一步统计相应的数据,接下来为"教工之家窗统计表"添加"面积"。操作方法如下,选择"明细表属性"中的"字段",如图 13-2-7 所示,进入"明细表属性"对话框,选择"计算值",进入"计算值"编辑对话框,在"名称"处输入"面积",在"类型"中选择"面积",点击"公式"后面的按钮 `...`,进入"字段"的选择,选择"宽度"后,点击"确定",输入" * "(乘号),再点击按钮 `...`,选择"高度",点击"确定",如图 13-2-8 所示,

完成设置后点击"确定",最终退出"明细表属性"对话框,此时明细表会增加一个名称为"面积"的字段且已经统计出窗对应的面积,如图 13-2-9 所示。

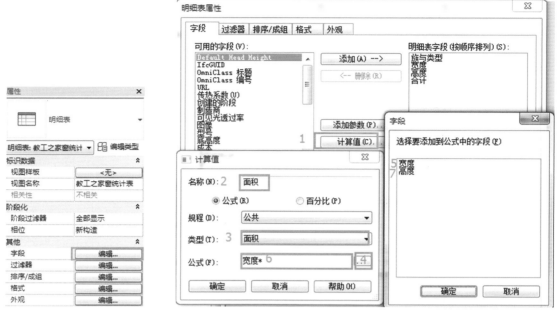

图 13-2-7   图 13-2-8

<教工之家窗统计表>				
A	B	C	D	E
族与类型	宽度	高度	合计	面积
C1010: C1010	1000	1000	3	1.00
C1237: C1237	1200	3700	4	4.44
C1818: C1818			1	
C4410: C4410	4400	1000	1	4.40
带亮双扇窗: C	1000	1500	2	1.50
带亮双扇窗: C	1200	1500	2	1.80
带亮双扇窗: C	1800	1800	3	3.24
带亮双扇窗: C	1800	1800	12	3.24

图 13-2-9

6.可以根据需要对明细表格式,如行、列、外观等进行修改,如图 13-2-10 所示,可对列和行进行插入、删除,对字体等进行相应的修改,操作方法与 Excel 类似。在这里不做更多介绍。

图 13-2-10

7.在 Revit Architecture 软件中生成的各类明细表是可以导出来的,点击【应用程序按钮】→【导出】→【报告】→【明细表】,然后选择保存路径,点击"确定"即可导出明细表,如图13-2-11所示。注意 Revit Architecture 软件中生成的明细表导出的格式是 TXT 格式,可以将导出的明细表复制到 Excel 中进一步进行编辑。可以自建一个门的统计表,进一步巩固门窗统计表设置的方法。

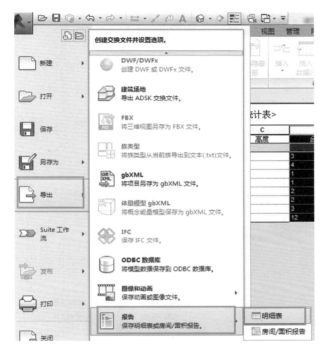

图 13-2-11

通过 Revit Architecture "明细表/数量"工具生成的明细表与项目模型相互关联,明细表视图中显示的信息源自 BIM 模型数据库。可以利用明细表视图修改项目中模型图元的参数信息,以提高修改大量具有相同数值的图元属性时的效率。

13.3　材料统计

在预算工程量以及施工过程中均需要知道材料的种类、数量等信息,Revit Architecture 提供了"材质提取"明细表工具,用于统计项目中各对象材质生成的数量。"材质提取"明细表与上一节中"明细表/数量"的操作方法很类似。

材料统计

1.打开上节完成的"13.2 门窗统计表"项目文件,另存为"13.3 材料统计",切换项目至 F1 楼层平面视图,保存该项目文件至指定目录。

2.选择【视图】选项卡下【创建】面板中的【明细表】工具中的"材质提取",进入"新建材质提取"对话框,选择"楼板",点击"确定",进入"材质提取属性"对话框,按图 13-3-1 所示设置"字段"值,设置"排序/成组"的"排序方式"为"族与类型",不勾选"逐项列举每个实例","格式"选项中"材质:体积"中勾选"计算总数",如图 13-3-2 所示,完成设置后点击"确定",生成"楼板材质提取"明细表,如图 13-3-3 所示。

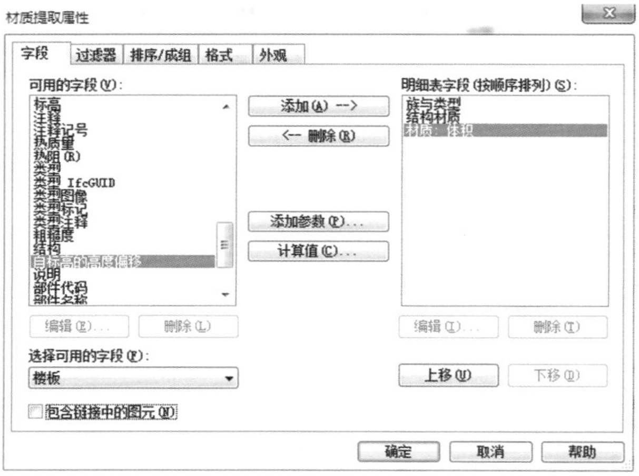

图 13-3-1

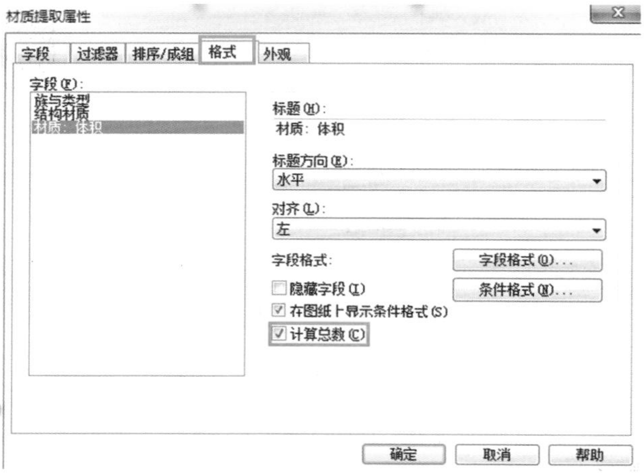

图 13-3-2

<楼板材质提取>		
A	**B**	**C**
族与类型	结构材质	材质:体积
楼板: 教工之家-F1室内卫生间楼板	教工之家-楼板钢筋混凝土	4.90
楼板: 教工之家-F1室内楼板	教工之家-楼板钢筋混凝土	34.46
楼板: 教工之家-F1室外楼板	教工之家-楼板钢筋混凝土	20.56
楼板: 教工之家-F1室外空调板	教工之家-楼板钢筋混凝土	0.75
楼板: 教工之家-F1雨棚板	教工之家-楼板钢筋混凝土	0.21
楼板: 教工之家-F2室内楼板	教工之家-楼板钢筋混凝土	38.89
楼板: 教工之家-F2室外楼板	教工之家-楼板钢筋混凝土	7.29
楼板: 教工之家-F2室外空调板	教工之家-楼板钢筋混凝土	0.75

图 13-3-3

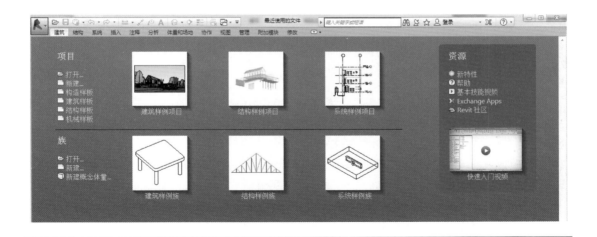

第 14 章 族与体量

教学目标

通过本章的学习,了解族类型、族参数、体量等基本概念,熟悉族三维形状创建、体量创建和对体量进行表面有理化等方法,掌握族创建的一般步骤和方法。

教学要求

能 力 目 标	知 识 目 标	权　重
了解族类型、族参数、体量等基本概念	(1)三种基本族类型; (2)族参数:实例参数和类型参数; (3)体量基本概念:内建体量和概念体量	10%
熟悉族三维形状创建、体量创建和对体量进行表面有理化等方法	(1)熟悉拉伸、融合、旋转、放样等的应用; (2)熟悉概念体量创建的形式; (3)熟悉概念体量表面有理化的应用	30%
掌握族创建的一般步骤和方法	(1)掌握 C1818 窗族创建的步骤; (2)掌握窗族平面显示样式的设置方法	60%

14.1 族的基本知识

族（Family）是构成 Revit 的基本元素，Revit Architecture 中的所有图元都是基于族的。族在 Revit 中功能强大，有助于更轻松地管理数据和进行修改。能够在每个族图元内定义多种类型，根据族创建者的设计，每种类型可以具有不同的尺寸、形状、材质或其他参数变量。使用族编辑器，整个族创建过程在预定义的样板中执行，可以根据需要在族中加入各种参数，如尺寸、材质、可见性等。可以使用族编辑器创建现实生活中的建筑构件、图形和注释构件，图 14-1-1 表达了族与构件之间的关系。

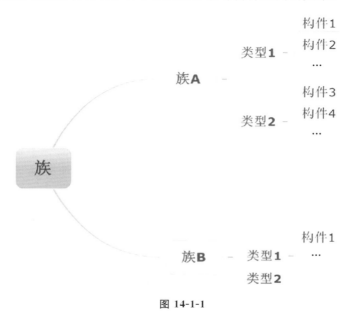

图 14-1-1

14.1.1 族类型

系统族：系统族是 Revit 中预定义的族，样板文件中提供的族，包含基本建筑构件，例如墙、楼板、天花板、楼梯等。建筑墙包括基本墙、叠层墙、幕墙三种，墙体的族如图 14-1-2 所示，基本墙又包含一个或多个可以复制和修改的系统族类型，但不能创建新系统族，可以通过指定新参数定义新的族类型，如图 14-1-3 所示。

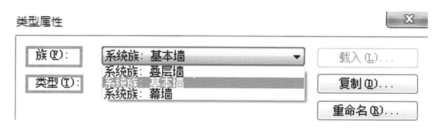

图 14-1-2

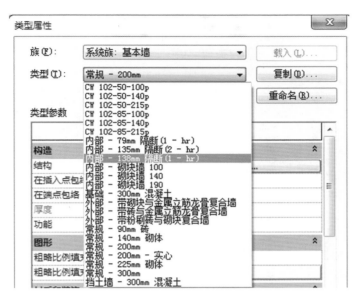

图 14-1-3

标准构件族：在默认情况下，在项目样板中载入标准构件族，但更多标准构件族存储在构件库中。使用族编辑器创建和修改构件，可以复制和修改现有构件族，也可以根据各种族样板创建新的构件族。族样板可以是基于主体的样板，也可以是独立的样板。基于主体的族包括需要主体的构件。例如，以墙族为主体的门族。独立族包括柱、树和家具。族样板有助于创建和操作构件族。标准构件族可以位于项目环境外，且具有".rfa"扩展名。可以将它们载入项目，从一个项目传递到另一个项目，而且如果需要还可以从项目文件保存到库中。

内建族：可以是特定项目中的模型构件，也可以是注释构件。只能在当前项目中创建内建族，因此它们仅可用于该项目特定的对象，例如，自定义墙的处理。创建内建族时，可以选择类别，且使用的类别将决定构件在项目中的外观和显示。

14.1.2 族的参数

在创建"教工之家"模型的过程中，多次用到图元的"属性"面板及"类型属性"的对话框调节构件的实例参数和类型参数，比如窗的高度、宽度、材质等。Revit Architecture 允许用户根据需要自定义族的任何参数，定义过程中可以选择"实例参数"或者"类型参数"，"实例参数"就会出现在"图元属性"对话框中，"类型参数"会出现在"类型属性"对话框中。

自定义族时所采用的族样板文件中会提供该族对象默认族参数。在明细表统计时，这些族参数可以作为统计字段使用。用户可以根据需要定义任何族参数，这时定义的参数呈现在"属性"面板或者"类型属性"对话框中，但不能在明细表统计时作为统计字段使用。如果需要自定义的参数出现在明细表统计中，需要使用共享参数。

14.2 族三维形状的创建

用户可以根据需要自定义族，下面介绍创建族的操作方法。

1.点击【应用程序按钮】，选择【新建】中的【族】文件，会弹出族样板文件供

族三维形状
的创建

用户选择,如图 14-2-1 所示,用户可以根据需要作出样板文件的选择,比如要创建一个窗,就可以选择公制窗族样板文件,选择"公制窗",点击打开,进入族编辑界面。族创建的操作界面与项目文件创建时的操作界面比较类似,如图 14-2-2 所示。

图 14-2-1

图 14-2-2

2."形状"面板用于创建族的三维模型,可以创建空心和实心两种类型,创建的方法包括"拉伸""融合""旋转""放样""放样融合"五种方式。

①"拉伸":可以创建拉伸形式族的三维模型,包括实心形状和空心形状,可以在工作平面上绘制形状的二维轮廓,然后拉伸该轮廓使其与绘制它的平面垂直,如在平面绘制一矩形轮廓完成拉伸,可创建以长方体,如图 14-2-3 所示。

②"融合":用于创建实心三维形状,该形状将沿其长度发生变化,从起始形状融合到最终形状。"融合"工具可将两个轮廓(边界)融合在一起。例如,绘制一个六边形,并在其顶部绘制一圆形,则 Revit 会将这两个形状融合在一起,如图 14-2-4 所示。

拉 伸

图 14-2-3

融 合

图 14-2-4

③"旋转":通过线和共享工作平面的二维轮廓来创建旋转形状。旋转中的线用于定义旋转轴,二维形状绕该轴旋转后形成三维形状,如图 14-2-5 所示。

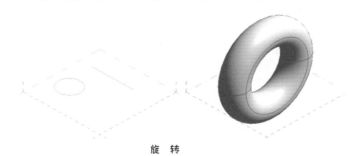

旋 转

图 14-2-5

④"放样":通过沿路径放样二维轮廓,可以创建三维形状。可以使用放样方式创建饰条、栏杆扶手或简单的管道,如图 14-2-6 所示。

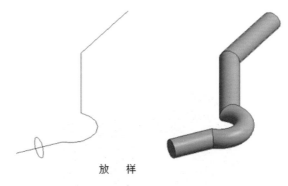

放 样

图 14-2-6

⑤"放样融合":通过垂直于线绘制的线和两个或多个二维轮廓创建放样融合形状。放样融合中的线定义了放样并融合二维轮廓来创建三维形状的路径。轮廓由线处理组成,线处理垂直于用于定义路径的一条或多条线。与放样形状不同,放样融合无法沿着多段路径创建。但是,轮廓可以打开、闭合或是两者的组合,如图 14-2-7 所示。

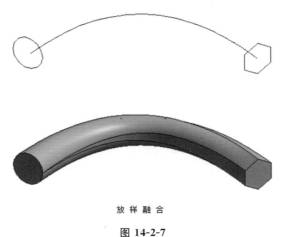

放 样 融 合

图 14-2-7

Revit Architecture 各种各样的族的三维模型都是通过上述几种方式创建完成的。

> ♡ **提示**：空心形状命令的操作方法与实心形状操作方法完全一致，多用于实心形状局部需要剪切时，二者结合应用创建复杂形体。

14.3　窗族 C1818 的创建

**窗族 C1818
的创建**

下面通过一个创建窗族的实例来介绍如何自定义创建一个族。窗族的尺寸如下：洞口尺寸为 1800 mm×1800 mm；窗框厚度为 90 mm，宽度为 40 mm；窗扇厚度为 45 mm，宽度为 40 mm；玻璃厚度为 3 mm。

14.3.1　创建窗的三维模型及设置参数

1．新建族，选择"公制窗"族样板。

2．将视图切换至三维视图，并调整视觉样式为"着色"模式，方便观察。可以看到，"公制窗"族样板是一个已经在墙上创建了窗洞的族，如图 14-3-1 所示，可以基于该族继续绘制窗框和窗扇等。

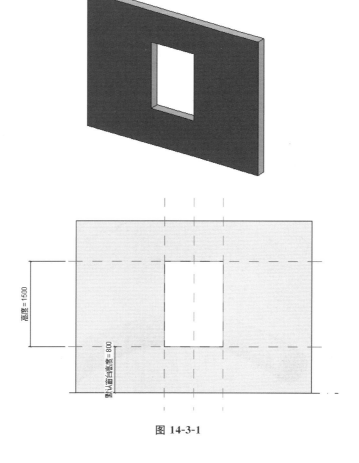

图 14-3-1

①创建窗框。将视图切换至立面视图"外部"（此处外部或内部均可），可以看到立面视图中有参照平面及相关的标签。要创建的窗的尺寸为 1800 mm×1800 mm，需要将默认洞口的宽度加以调整，单击【创建】选项卡下【属性】面板中的【族类型】工具，在弹出的对话框中修改"高度"为"1800.0"，"宽度"为"1800.0"，如图 14-3-2 所示，完成后点击"应用"，则窗洞口尺寸已被修改为 1800 mm×1800 mm。绘制窗框时，绘制 4 个参照平面，距离窗洞口的 4 个参照平面的距离为向内 40 mm，然后点击【创建】选项卡下【形状】面板中的【拉伸】工具，选择矩形工具，沿外侧参照平面绘制一个矩形，并点击出现的锁按钮，将矩形的轮廓线与参照平面锁定，如图 14-3-3 所示，按上述方法，绘制内侧矩形，沿内侧参照平面绘制，并将绘制的矩形轮廓线与参照平面锁定，如图 14-3-4 所示。

图 14-3-2

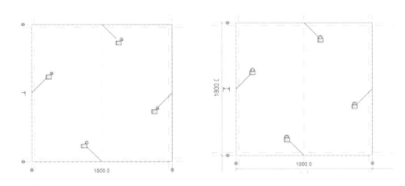

图 14-3-3

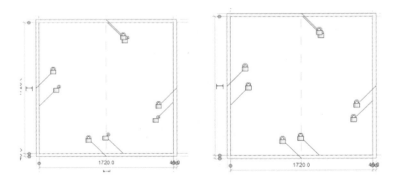

图 14-3-4

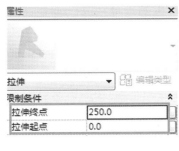

图 14-3-5

此时完成了宽度为 40 mm 的窗框的轮廓线的绘制，可以通过设置"属性"栏中的"拉伸终点"及"拉伸起点"来控制窗框的厚度，如图 14-3-5 所示，也可以点击"完成"通过平面中的"对齐"工具设置窗框的厚度，此次介绍通过平面对齐方式设置厚度为 90 mm 的窗框。点击【模式】面板下"完成编辑模式"按钮 ✔ 完成拉伸形状的创建。将视图切换至参照标高平面视图，如图 14-3-6 所示为厚度为 250 mm 的窗框。

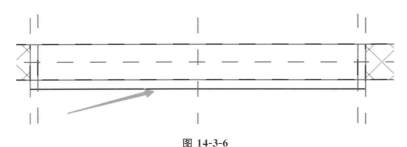

图 14-3-6

②编辑窗框。在距离墙中心的参照平面上方 45 mm 处及下方 45 mm 处各绘制一个参照平面，然后将窗框的内外侧分别与绘制的参照平面对齐，如图 14-3-7 所示。

图 14-3-7

③设置窗框的材质及标识数据。选择窗框，点击【属性】栏"材质"中"按类别"后的关联族参数按钮 ▯，如图 14-3-8 所示，在弹出的"关联族参数"对话框中点击"添加参数"，在弹出的"参数属性"对话框中添加"窗框材质"，完成后点击"确定"回到"关联族参数"对话框中，在

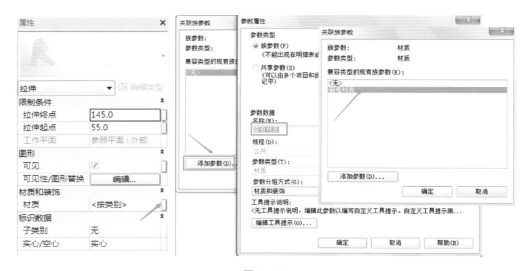

图 14-3-8

"关联族参数"中添加了刚刚设置的"窗框材质",设置完成后点击"确定"完成参数设置。此时 ▯ 变为 ▤,表示已经有参数与该材质参数关联。将"属性"栏中"子类别"设置为"框架/竖梃",完成窗框材质及标识数据的设置。

④创建标签。将视图切换至立面视图"外部",利用"注释"中的"对齐标注"工具,对窗框宽度进行标注,如图 14-3-9 所示。选择任意一标注的数据,进入"修改|尺寸标注"上下文选项卡,点击选项栏中的"标签",选择"添加参数",如图 14-3-9 所示,在弹出的"参数属性"对话框中添加"名称"为"窗框宽度"的参数,如图 14-3-10 所示,选择其余刚刚标注的数据,将其他数据的标签也选择为"窗框宽度",如图 14-3-11 所示。

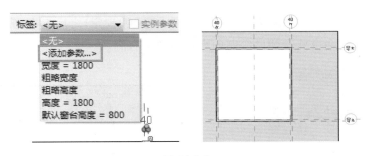

图 14-3-9

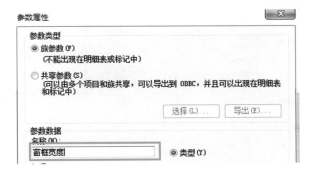

图 14-3-10

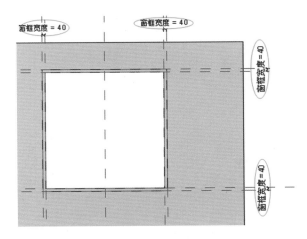

图 14-3-11

💗**提示:** 在进行标注时,确定标注的是参照平面的距离,否则导致后续尺寸不能被参数驱动。

💗**提示:** 设置完成窗框的宽度后,可以打开"族类型"编辑器,看到在"尺寸标注"下,已经添加了了"窗框宽度"的参数,如图 14-3-12 所示。可以通过修改标注的数据,观察窗框的变化情况,看修改尺寸时窗框是否会随之变化,即窗框的尺寸是否被参数驱动。

⑤创建窗扇。窗扇的创建方法与窗框的创建方法比较类似,在外部立面视图中绘制参照平面,位置如图 14-3-13 所示,距离原参照平面 40 mm,按图 14-3-14 所示位置利用创建拉伸形状绘制窗扇的三维轮廓,并将矩形轮廓线与参照平面锁定,之后点击"完成编辑模式"按钮 ✓ 。并利用镜像命令将左侧已绘制的窗扇镜像至右侧。

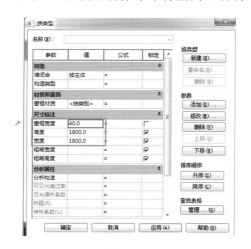

图 14-3-12

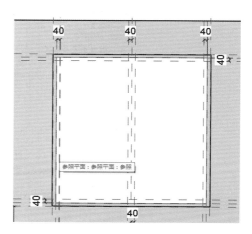

图 14-3-13

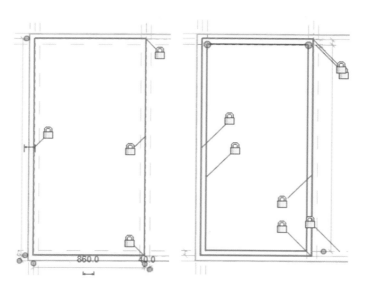

图 14-3-14

⑥编辑窗框。将视图切换至参照标高平面视图,可以看到厚度为默认 250 mm 的两个窗扇,如图 14-3-15 所示,然后按图 14-3-16 所示的位置对齐窗扇,即每个窗扇厚度为45 mm,窗扇的一侧对齐至窗框外侧,另一侧对齐至窗框中心线位置处。

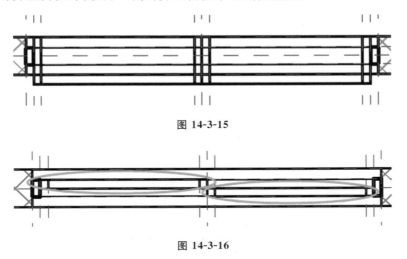

图 14-3-15

图 14-3-16

⑦设置窗扇的材质及标识数据。选中窗扇,按窗框材质设置方式将窗扇的材质关联为"窗框材质"的参数,"属性"栏中"子类别"选择"框架/竖梃",完成窗扇的材质设置及标识数据。

⑧创建标签。切换视图至外部立面视图,按图 14-3-17 所示位置进行注释标注,并将标注的数据标签设置为"窗框宽度"。

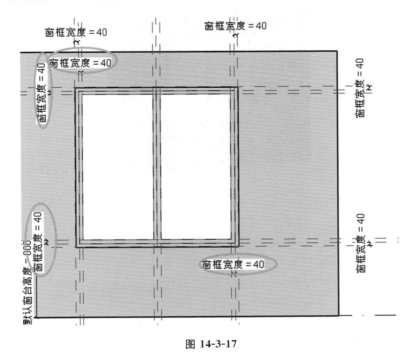

图 14-3-17

⑨创建玻璃。在外部立面视图中,同样用创建拉伸形状绘制矩形轮廓,并将绘制的矩形

轮廓线与参照平面锁定,如图 14-3-18 所示,之后点击"完成编辑模式"按钮 ✔。并将左侧已绘制的玻璃镜像至右侧。

⑩编辑玻璃。切换至参照标高楼层平面视图,玻璃的位置应该在窗扇的中心线位置处并且厚度为 3 mm,利用"参照平面"及"对齐"工具,将玻璃移至窗扇中心处且保持厚度为 3 mm,如图 14-3-19 所示。

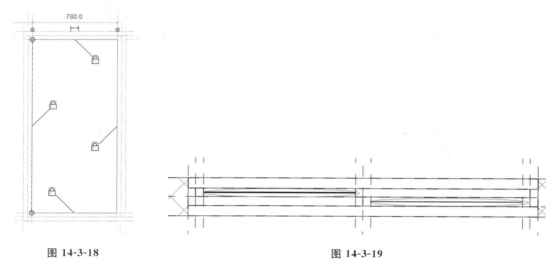

图 14-3-18   图 14-3-19

⑪设置玻璃标识数据。设置"属性"栏中的"子类别"为"玻璃"。切换至三维视图,可以看到完成的窗族,如图 14-3-20 所示。

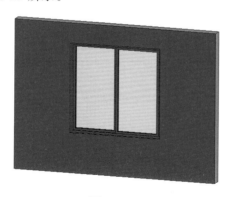

图 14-3-20

14.3.2 设置窗的显示样式

创建好的窗族要导入项目文件中,根据制图规范,窗在建筑平面图中显示为四条平行线,而 Revit Architecture 默认显示窗模型的实际剖切结果,这与制图规范不符合,所以还要设置模型的模型线在平面视图中的显示样式。

框选模型,利用【过滤器】工具选择"框架/竖梃"及"玻璃",如图 14-3-21 所示,点击"确定"按钮后会切换至"修改|选择多个"上下文选项卡,单击【模式】面板中的【可见性】工具,在弹出的"族图元可见性设置"对话框中取消勾选"平面/天花板平面视图"及"当在平面/天花板平面视图中被剖切时(如果类别允许)"后点击"确定",如图 14-3-22 所示。

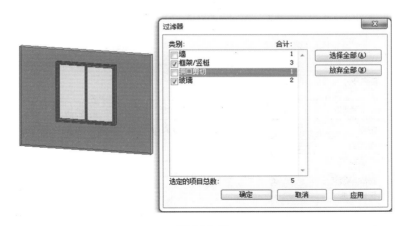

图 14-3-21

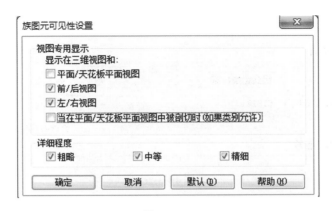

图 14-3-22

切换至参照标高楼层平面视图,点击【注释】选项卡下【详图】面板中的【符号线】工具,将自动切换至"修改|放置符号线"上下文选项卡,将"符号线"的"子类别"设置为"窗截面",沿着墙线及窗框的位置绘制四条符号线,如图 14-3-23 所示。将创建好的窗族载入项目中,可以看到在项目的平面视图中窗显示的是四条线,如图 14-3-24 所示。

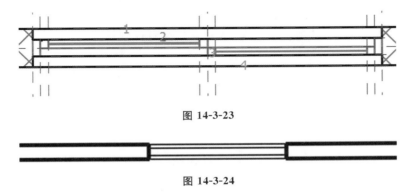

图 14-3-23

图 14-3-24

选择"族类型",在弹出的"族类型"对话框中点击"新建",新建"名称"为"C1818"的窗,点击"确定",如图 14-3-25 所示,点击"保存",将"族"的名称设置为"铝合金推拉窗"完成族的创

建。载入项目中,在项目中选择"窗",进入窗的"类型属性"对话框,可以看到已经创建好的铝合金推拉窗 C1818,如图 14-3-26 所示。完成窗族的创建后保存并退出。

图 14-3-25

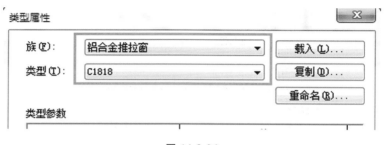

图 14-3-26

14.4　体量

在 Revit Architecture 软件中,可以通过概念体量族功能来实现类似 SketchUp 的功能,用于在项目前期的概念设计中为建筑师提供灵活、简单、快速的概念设计模型。概念体量可以帮助建筑师推敲建筑形态,还可以统计概念体量模型的建筑面积、占地面积、外表面积等设计数据。概念体量也是族的一种形式,可以以这些族为基础,通过应用墙、楼板、屋顶等图元对象,完成从概念设计到方案、施工图设计的转换。

体量

14.4.1　概念体量的基础

在 Revit Architecture 中有两种创建体量模型的方式,一种是利用项目文件中的【体量和场地】选项卡下的内建体量 📦,另一种是在概念体量族编辑器中创建独立的概念体量族。内建体量仅可用于当前项目,而概念体量族文件可以像其他族文件一样以载入族的形式载入不同的项目中。两种体量模型的创建过程是一样的,下面以独立创建概念体量族的过程来介绍体量的相关功能及模型绘制过程。

14.4.2　概念体量操作界面介绍

新建概念体量。进入概念体量的编辑界面,如图 14-4-1 和图 14-4-2 所示。

图 14-4-1

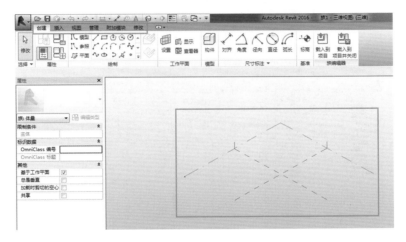

图 14-4-2

　　在"公制体量.rft"族样板中提供了基本标高和相互垂直且垂直于标高平面的两个参照平面,可以理解为 X、Y、Z 坐标平面,三个平面的交点可以理解为坐标原点。在创建体量模型时通过指定轮廓所在平面及距离原点的相对位置定位轮廓的空间位置,如图 14-4-3 所示。

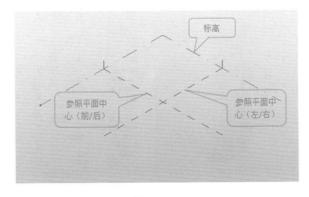

图 14-4-3

【创建】选项卡下的【绘制】面板是概念体量草图绘制的工具面板,如图 14-4-4 所示。概念体量草图创建包括模型线和参照线两种形式。两种草图工具创建的图形样式及修改方式均不相同。基于模型线的图形,显示为实线,可以直接编辑表面和顶点,并且无须依赖另一个形状或参照类型创建。基于参照线的图形显示为虚线参照平面,只能通过编辑参照图元来进行编辑,其依赖的参照图元发生变化时,基于参照的形状也随之变化。

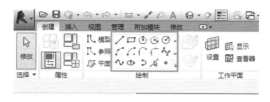

图 14-4-4

概念体量的形式。概念体量包括实心和空心两种形式。空心形式几何图形的作用为剪切实心几何图形,空心形式和实心形式可以通过设置属性进行转换。如在平面图中绘制一任意直径的圆,选择创建实心形状创建一个球,通过改变【属性】中的【实心/空心】可实现在实心和空心中切换,如图 14-4-5 和图 14-4-6 所示。通过图 14-4-7 可以观察到实心形状和空心形状的变化。

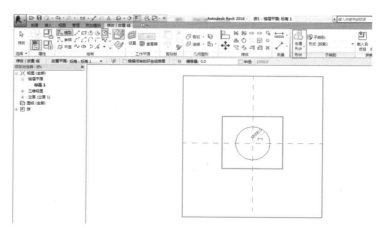

图 14-4-5

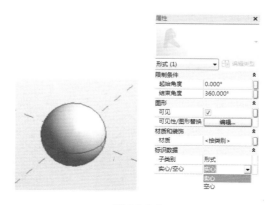

图 14-4-6

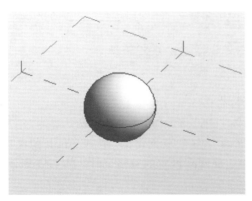
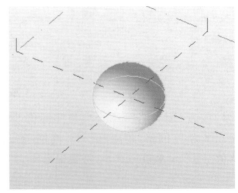

图 14-4-7

14.4.3　概念体量的形式的创建

概念体量的形式的创建方法,包括"拉伸""旋转""放样""放样融合"等,同族的形式创建方法一样。在这里就不多做介绍。

14.4.4　概念体量表面有理化

创建完概念体量模型后,可以对概念体量模型中的面进行分割,并在分割后的表面中,沿分割网格为概念体量模型制定表面图案,以增强表现能力,如图 14-4-8 所示。有理化表面的步骤一般是先"分割曲面"然后再"创建表面填充图案"。

1. 分割曲面。可以使用"分割表面"工具对体量或曲面进行划分,划分为多个均匀的小方格,即以平面方格的形式替代原曲面对象。打开学习资料的第 14 章文件中的"体量有理化表面练习",将对该体量进行表面有理化。切换至三维视图,该项目已经创建了圆台曲面表面。单击圆台顶面使顶面处于选择状态,自动切换至"修改|形式"上下文选项卡,如图 14-4-9 所示,进入【分割表面】编辑模式,自动切换至"修改|分割的表面",如图 14-4-10 所示,确认激活【UV 网格和交点】面板中的"U 网格"和"V 网格"模式,UV 网格的生成方式可以

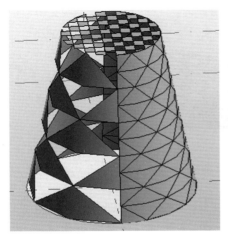

图 14-4-8

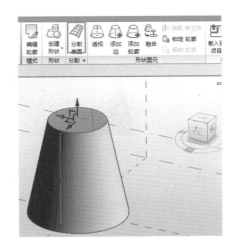

图 14-4-9

图 14-4-10

是"编号"或者"距离"，可结合项目实际修改生成方式。修改"U 网格"生成方式为"距离"，输入"1500"作为 U 网格"距离"值；"V 网格"输入"3000"，作为 V 网格的"距离"值，其他参数保持为默认值。Revit Architecture 将会沿着圆台顶面生成刚刚设置的网格，如图 14-4-11 所示。

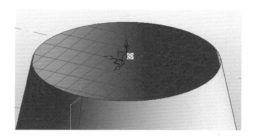

图 14-4-11

2. 创建表面填充图案。利用 UV 网格进行曲面分割后，可以对填充图案进行替换。默认情况下表面分割应无图案填充，如图 14-4-12 所示。结合 Tab 键选中分割表面，在"属性"栏中选择"矩形棋盘"的图案填充类型，完成效果如图 14-4-13 所示。

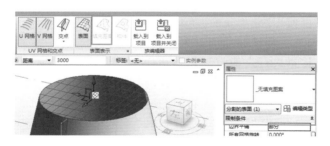

图 14-4-12

图 14-4-13

结合上述方法，可以为圆台的侧面添加表面填充图案。

14.4.5　概念体量调用和建筑构件转化

完成概念体量绘制后，必须将体量模型载入项目中，才能进行体量分析和研究，进而了解各个形态体量模型的各楼层建筑面积、总面积等设计信息。完成概念体量后，可以通过拾

取体量模型的表面生成墙、幕墙系统、楼板等建筑构件。下面结合 BIM 等级考试的真题对这部分内容进行讲解。

14.5　体量应用

创建如图 14-5-1 所示模型,在体量上生成面墙、幕墙系统、屋顶和楼板。要求:①面墙为厚度 200 mm 的"常规-200 mm 面墙","定位线"为"核心层中心线";②幕墙系统为"网格布局600 mm×1000 mm"(即横向网格间距 600 mm,竖向网格间距 1000 mm),网格上均设置竖梃,竖梃均为"圆形半径 50 mm 竖梃";③屋顶为厚度 400 的"常规-400 mm"屋顶;④楼板为厚度 150 mm 的"常规-150 mm"楼板,请将模型以"体量楼层"为文件名保存到考生文件夹中。(BIM 等级考试第六期第一级第 4 题)

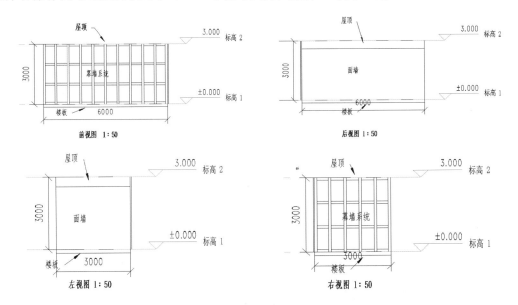

图 14-5-1

考点分析:创建体量模型(可以创建独立体量然后载入,也可以内建体量);表面生成墙、幕墙系统、楼板;生成体量楼层。本书选择采用内建体量进行绘制。

绘图步骤如下。

1. 新建一项目,名称为"体量楼层"。选择【体量和场地】选项卡下【概念体量】面板中的【内建体量】工具,如图 14-5-2 所示,在弹出的对话框中不需修改名称直接单击"确定"进入体量创建界面。

图 14-5-2

单击【创建】选项卡下【绘制】面板中的【矩形】绘制工具，如图 14-5-3 所示，在标高一平面绘制一个 3000×6000 的矩形，选中所绘制的矩形并点击【创建形状】下的"实心形状"，如图 14-5-4 所示，生成一长方体形状。

图 14-5-3   图 14-5-4

2.修改长方体高度。切换至三维视图，结合 Tab 键选中长方体顶面，将长方体的高度由"2000"修改为"3000"，如图 14-5-5 所示。

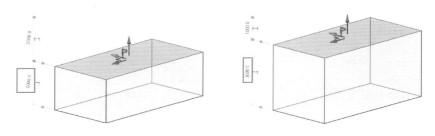

图 14-5-5

修改完高度后，单击【在位编辑器】面板中的【完成体量】工具，完成内建体量的创建，如图 14-5-6 所示。此时在项目文件中就会生成一个 3000×3000×6000 的体量模型，接下来可

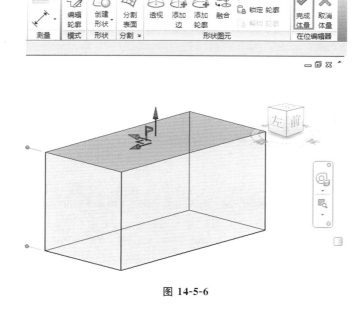

图 14-5-6

以根据题目要求设置模型的不同面为墙、幕墙、屋顶和楼板。

> ♡**提示**：若完成体量后，发现体量需要修改，可选中体量，单击【模型】面板中的【在位编辑】工具，进入体量编辑状态。

3. 生成体量楼层。体量楼层在已定义的标高处穿过体量的水平切面，体量楼层提供了切面上方直至下一个切面或体量顶部之间的尺寸信息。将体量载入项目中后，选择"体量楼层"，将会显示项目已建的所有标高，可以根据项目实际需要勾选标高，Revit Architecture 将按体量轮廓在对应标高处创建体量楼板边界。

选择载入的体量模型，单击【模型】面板中的【体量楼层】，如图 14-5-7 所示，在弹出的对话框中，勾选"标高 1"和"标高 2"后点击"确定"退出，如图 14-5-8 所示。

图 14-5-7

4. 体量转换。将体量的面生成楼板、面墙、幕墙系统、屋顶。

（1）生成面墙：切换至三维视图，根据题目要求，后和左是"常规-200 mm 面墙"，选择【建筑】→【墙】→【面墙】，在"属性"栏中新定义"名称"为"常规 200 mm 面墙"，其他参数不需修改，确定墙的"定位线"为"核心层中心线"，结合 Tab 键选择体量模型的后面并将其生成面墙，结合上述方法将体量模型的左侧也生成面墙，完成后的面墙效果如图 14-5-9 所示。

图 14-5-8

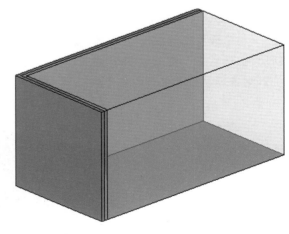

图 14-5-9

（2）生成幕墙系统：按图 14-5-10 所示定义幕墙参数后，结合 Tab 键选择幕墙的前表面，单击【多重选择】面板下的【创建系统】，则体量的前面会创建成为幕墙系统，如图 14-5-11 所示，结合上述方法将体量的右表面生成幕墙系统。

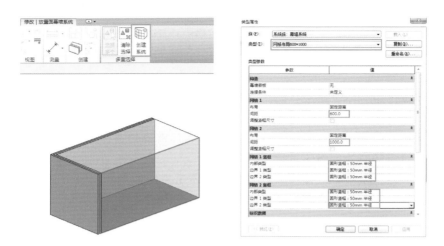

图 14-5-10

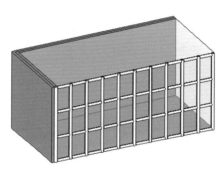

图 14-5-11

（3）生成楼板：按题目要求选择【建筑】→【楼板】→【面楼板】，定义名称为"常规-150 mm"的新楼板，定义完成后结合 Tab 键选择体量模型的下表面，单击【多重选择】面板下的【创建系统】，则幕墙模型的下表面会生成楼板。

（4）生成屋顶：按题目要求选择【建筑】→【屋顶】→【面屋顶】，定义名称为"常规-400 mm"的新屋顶，然后结合键盘的 Tab 键选择体量模型的上表面，单击【多重选择】面板下的【创建系统】，则幕墙模型的上表面会生成屋顶。完成后的三维模型如图 14-5-12 所示。

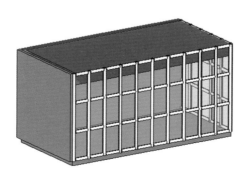

图 14-5-12

14.6　真题练习

创建如图 14-6-1 所示的榫卯结构，并建在一个模型中，将该模型以构建集保存，命名为"榫卯结构"，保存到考生文件夹中。（10 分）（BIM 等级考试第七期第 3 题）

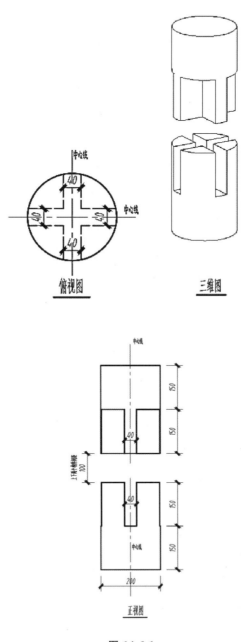

图 **14-6-1**

附录　Revit 常用快捷键

一、建模与绘图常用快捷键

命令	快捷键	命令	快捷键	命令	快捷键	命令	快捷键
标高	LL	轴网	GR	墙	WA	按类别标记	TG
窗	WN	放置构建	CM	房间	RM	房间标记	RT
文字	TX	对齐标注	DI	工程点标注	EL	—	—
模型线	LI	详图线	DL	门	DR	—	—

二、标记修改工具常用快捷键

命令	快捷键	命令	快捷键	命令	快捷键	命令	快捷键
图元属性	PP 或 Ctrl+1	删除	DE	移动	MV	复制	CO
定义旋转中心	R3 或 空格键	旋转	RO	阵列	AR	镜像-拾取轴	MM
配对象类项	MA	创建组	GP	锁定位置	PP	解锁位置	UP
填色	PT	拆分区域	SF	对齐	AL	拆分图元	SL
修剪延伸	TR	在整个项目中选择全部实例	SA	偏移	OF	重复上一个命令	RC 或 Enter

三、捕捉替代常用工具快捷键

命令	快捷键	命令	快捷键	命令	快捷键	命令	快捷键
捕捉远距离对象	SR	象限点	SQ	垂足	SP	最近点	SN
中点	SM	交点	SI	端点	SE	中心	SC
捕捉到云点	PC	点	SX	工作平面网络	SW	切点	ST
关闭替换	SS	形状闭合	SZ	关闭捕捉	SO	—	—

四、控制视图常用快捷键

命令	快捷键	命令	快捷键	命令	快捷键	命令	快捷键
区域放大	ZR	缩放配置	ZF	上一次缩放	ZP	动态视图	F8 或 Shift+W
线框显示模式	WF	隐藏线显示模式	WF	带边框着色显示模式	SD	细线显示模式	TL
视图图元属性	VP	可见性图形	VV/VG	临时隐藏图元	HH	临时隔离图元	HI
临时隐藏类别	HC	临时隔离类别	IC	重设临时隐藏	HR	隐藏图元	EH
隐藏类别	VH	取消隐藏图元	EU	取消隐藏类别	VU	切换显示隐藏图元模式	RH
渲染	RR	快捷键定义窗口	KS	视图窗口平铺	WT	视图窗口层叠	WC

广州城建职业学院教工之家建筑施工图

建筑设计统一说明

工程名称：教工之家

建设单位：广州城建职业学院

工程地点：从化市

一、 工程设计的主要依据

1. 主要法规及标准

《建筑工程设计文件编制深度规定》（2016版）

《民用建筑设计通则》 GB 50352-2005

《建筑设计防火规范》 GB 50016-2014

《无障碍设计规范》 GB 50763-2012

《建筑地面设计规范》 GB 50037-2013

《屋面工程技术规范》 GB 50345-2012

《公共建筑节能设计标准》 GB50189-2015

《夏热冬暖地区居住建筑节能设计标准》 JGJ 75-2012

及其他适用于本项目的国家、地方相关设计标准。

二、 工程概况

1. 本工程为教工之家项目,地上2层。总建筑面积525.49平方米,建筑高度为9.6米。

2. 建筑工程等级：二 级；设计使用年限：50 年；抗震设防烈度：7 度；建筑耐火等级：二 级。

屋面工程防水等级：二 级。

三、 设计总则

1. 本工程采用广州高程；设计标高±0.000m，相当于绝对标高现场定。

2. 本工程图纸所注尺寸，除总平面图和标高以米(m)为单位外，其余均以毫米（mm）为单位。

四、 防水设计

1. 屋面工程防水设计。

(1) 本工程屋面工程设防道数：一道 。

(2) 防水层材料及设计厚度。

○ C20细石防水混凝土厚 ≥40mm

● 聚合物水泥防水涂料厚 ≥2.0mm

○ 高聚物改性沥青防水卷材厚 ○ ≥3mm； ○ ≥4mm

○ 沥青防水卷材 ○ 三毡四油 ○ 二毡三油

○ 高聚物改性沥青防水涂料厚 ≥3mm

(3) 防水层不得有渗漏或积水现象。

(4) 屋面工程防水所选材料和施工等必须符合《屋面工程质量验收规范》（GB50207－2012）的要求，并应用环保型产品。

(5) 卷材、涂膜、密封材料及基层处理剂等防水材料之间应采用相容材料。

2. 外墙面防水。

(1) 防水层材料及设计厚度。

○ 聚合物水泥基复合防水涂料厚 1.5mm　● 聚合物水泥砂浆厚 5mm　○ 合成高分子防水涂料厚 1.5mm

○ 改性沥青防水涂料厚 3mm　○ 细石防水混凝土厚 40mm　○ 防水砂浆厚 20mm

(2) 凸出墙面的腰线、檐板、窗台等上部应做不小于3%的向外排水坡，下部应做滴水。

3. 厨、厕、浴房间墙、地面及晒（露）台、阳台防水。

(1) 防水做法均应采取迎水面防水，地面防水层应设在结构层的找平层上面。

(2) 地面防水层材料及设计厚度。

● 聚合物水泥基复合防水涂料厚 1.5mm　● 聚合物水泥砂浆厚 5mm　○ 合成高分子防水涂料厚 1.5mm

○ 改性沥青防水涂料厚 3mm　○ 细石防水混凝土厚 40mm　○ 防水砂浆厚 20mm

(3) 墙面防水（厨、厕、浴内墙面防水需从顶板底做至地面）。

● 聚合物水泥基复合防水涂料厚 1mm　○ 聚合物水泥砂浆厚 5mm　○ 防水砂浆厚 20mm

(4) 浴厕间和有防水要求的楼板四周除门洞外，应做混凝土翻边，其高度不应小于120mm。

五、 防火设计

1. 本工程与周围建筑的防火间距均满足建筑防火规范要求。

2. 本工程建筑分类为：二 类，耐火等级为：二 级；本项目整栋为一个防火分区。

3. 本工程所选用的防火门，均要求采用国家或广东省消防总队批准的消防产品生产许可证的厂家生产的合格产品。

4. 建筑内电缆井、管道井每隔 2~3层在楼板处采用相当于楼板耐火极限的防火材料分隔，电缆井、管道井孔隙用非燃烧体材料严密填实。防火分隔须待水、电、暖通等安装工程调试后方能封闭。检修口详见水电等有关工种设计图纸。

六、 墙体

1. 地上砌体墙厚度除图中注明者外，其余外墙均为180 厚墙，内墙均为180厚墙。

2. 墙体材料。

内墙、外墙与楼梯间墙：●普通砖　○陶粒混凝土砌块　○普通混凝土空心砌块　○加气混凝土砌块　○粉煤灰烧结砖　○黏土空心砖

3. 所选用的墙体材料，应严格按照有关规范、规程及该产品的施工要点、构造节点要求进行施工。

4. 凡墙体长度大于 5m(墙端部无转角墙或无钢筋混凝土柱拉结时)须加构造柱，构造柱做法详见结构统一说明；砌筑过高的墙体、不到顶的非承重墙，砌筑用料及锚固方法详见结构统一说明；钢筋混凝土墙、柱与砌体墙连接之处的构造详见结构统一说明。

5. 墙身防潮层：室内标高高于室外标高时，所有砌体墙身在低于相应室内地面标高 60mm处铺设20厚 1:2水泥砂浆（加 3%防水剂）防潮层；室内相邻地面有高差时，在高差处墙身的外侧面加设 20厚 1:2水泥砂浆（加 3%防水剂）防潮层（有地下室时不做防潮层）。

6. 本工程所有砂浆均采用预拌砂浆。

七、 屋面

1. 现浇钢筋混凝土屋面砖砌女儿墙、梯屋等高出屋面的建筑物，其底部应同时加捣钢筋混凝土 400高，厚度与女儿墙、梯屋等墙体厚度相同，配筋详见图纸和说明。

2. 基层与突出屋面结构（女儿墙、墙、天窗壁、变形缝、烟囱、管道、天沟、檐口等）的转角处，均先用水泥砂浆做成圆弧或钝角，再将柔性防水材料向上翻起300高。

3. 凡女儿墙与突出屋面结构与屋面坐砌面砖的交接处，均应做柔性嵌缝，缝宽 20，高度平砖面，嵌缝油膏选用建筑防水油膏，其技术指标应符合规范有关规定。

4. 屋面水泥砂浆粉刷及刚性防水层应设温度分格缝，缝宽 10，缝深不小于2/3刚性防水层厚度，缝填防水嵌缝油膏，分格缝双向不大于 6mx6m或按设计图纸确定尺寸。

5. 凡管道穿屋面、屋面留孔洞位置等，须检查核实后再做防水材料，避免做防水材料后再凿洞。

6. 屋面找坡坡向天沟，坡向、天沟及雨水口位置详见屋面平面图，雨水口选用 87 型雨水斗，PVC雨水管。

7. 所有反梁过水孔必须用 PVC管预埋，管底与楼面（屋面）齐平。

八、 楼地面

1. 室内地坪先将原土平整，如有填土则应分层洒水夯实；如填砂则应用水冲实。室内地面混凝土垫层纵横设置伸缩缝（纵向平头缝，横向假缝），垫层分缝不大于 6mX6m，缝宽 10。

2. 细石混凝土地面面层划分 6m×6m分格缝，分格缝与垫层伸缩缝对齐，缝宽 10，内填建筑嵌缝油膏。

3. 水泥砂浆地面面层分格缝间距根据房间大小可适当调整为 3~6m，水泥砂浆分格缝应与垫层伸缩缝对齐。

4. 凡外走廊、阳台、梯平台及厨、厕、浴等房间其楼（地）面标高均比同楼层（地）面标高低 20（或另见大样），并应设向地漏方向的排水坡，坡度不少于 1%。

5. 建筑物四周铺砌地面者应做散水，散水宽 1400 mm，现浇 70厚C15混凝土，散水坡度 3%，纵向每 12m做一道伸缩缝，散水与勒脚交接处设 20宽缝，其缝内填建筑嵌缝油膏。

6. 除特殊注明者外，门外踏步坡道、混凝土垫层厚度做法同地面。

九、 外装修

1. 外墙面粉刷前，必须涂刷一层聚合物水泥黏结层。

2. 外墙粉刷及贴面材料分格线详见立面图，分格缝宽 18mm，深 8mm或按设计要求确定。

3. 以外墙砖作为外墙贴面材料时，外墙砖吸水率不应大于 0.5%。

4. 选用石材或幕墙做外墙面装修施工时，其固定点必须设在主体结构的柱或梁上，不得设在轻质墙体上，以确保安全。

5. 室外雨水管的颜色按设计图确定或选用与建筑外墙一致的颜色。

6. 外墙不同材料交接处，须在找平层中附加一层 200~300mm宽的金属网（16号铅丝，网孔 25X25）。

十、 内装修

1. 建筑装饰装修工程所选用的"非金属建筑材料"的放射性指标限量，人造木板及饰面人造木板游离甲醛含量或游离甲醛的释放量，涂料、胶黏剂、处理剂等挥发性有机化合物（TVOC）游离甲醛的含量和释放量必须符合《民用建筑工程室内环境污染控制规范》GB 50325-2010(2013年修订版)的有关要求；装修中所使用的木地板及木质材料严禁采用沥青类防腐或防潮处理剂。

2. 室内混合砂浆粉刷时，其墙、柱面及洞口的阳角处均做 20厚 1 : 2水泥砂浆护角，每侧 50宽，高度不应低于 2000mm。

3. 凡砖砌的电梯井道、风道、烟道、竖井等内壁砌筑灰缝需饱满，并随砌随原浆抹光；有检修门的管道井内壁做 15厚混合砂浆粉刷（或按设计要求）；钢筋混凝土电梯井不做粉刷。

4. 凡二次装修房间楼地面不做面层，墙面、顶棚抹灰仅做打底不做面层；有吊顶房间的墙、柱、梁等粉刷或装饰面仅做到吊顶标高以上 100mm处。

5. 墙体面层喷涂或油漆须待粉刷基层干燥后方可进行。

6. 门垛宽度除图中注明者外，均为 120宽。

7. 凡木料与砌体接触部位均须满涂防腐油，所有木构件均需做防腐及防白蚁处理。所有埋入墙内、混凝土内的木制件，均须涂刷耐腐蚀涂料。

8. 建筑装饰装修工程必须保证建筑物的结构安全和主要使用功能。当涉及主体和承重结构改动或增加负荷时，必须由原设计人核实有关原始资料，对其安全性进行核验和确认后方可施工。

十一、 门窗、玻璃、胶

1. 本工程采用的门窗框料与类型。

●铝合金门窗　○ 塑钢门窗　○ 钢塑门窗　○ 彩色压型钢板门窗　○ 中空玻璃门窗　● 玻璃幕墙

铝合金门窗立面分格及开启形式详见门窗立面图，平开铝合金门选用 ○ 50系列、 ○ 70系列；推拉铝合金门选用 ○70系列、 ○90系列；铝合金地弹簧门选用 ○ 70系列、 ○ 100系列；型材壁厚 2mm，门用 6厚 无色玻璃，其框料颜色 白色。平开铝合金窗选用 ○ 40系列、 ○50系列、 ○ 70系列；推拉铝合金窗选用 ○ 55系列、 ○70系列、 ● 90系列；型材壁厚选用 ○ 1.2mm、 ● 1.4mm；窗用6 厚无 色玻璃，其框料颜色 白 色。

2. 门窗或幕墙由专业生产厂家根据其立面分格、开启方式、建筑功能及建筑物所在地的气候、环境等具体条件，确定铝合金门窗抗风压、水密性、气密性、隔声、隔热、防玻璃炸裂、防火、防雷等技术要求，并绘制加工图纸，经设计单位及使用单位认可后方能施工。

3. 各类门窗的断面构造、技术要求等详见全国通用标准或中南地区通用标准，并按要求配齐五金零件。由生产厂家提供的加工图纸，按设计要求配齐五金零件，经设计人员认可后方可施工。

4. 门窗表中所列均为洞口尺寸，加工制作时四周均须留 30mm空隙，用 1 : 2中性膨胀低碱水泥砂浆填塞缝隙，在门窗框料与外墙面接触处留 10×5凹槽，用耐候硅酮密封胶嵌缝。

5. 本工程中有下列情况之一者均采用建筑安全玻璃。

(1) 玻璃幕墙。

(2) 采光棚、雨棚、出入口通道上盖、天花。

(3) 公共场合的室内玻璃隔断、玻璃门。

(4) 朝内庭的窗及玻璃栏板（高度不小于 1050mm）。

(5) 临空的楼梯、走廊、阳台、平台等部位的玻璃栏板（高度不小于 1050mm）。

6. 本工程选用的建筑安全玻璃： ● 钢化玻璃　○ 夹胶玻璃　○ 中空玻璃（由钢化或夹胶玻璃组合而成）。

7. 一般标准木门选用全国通用标准图集或中南地区通用标准图集；高标准的装修木门须选用硬木高级成品木门。

8. 窗立樘位置除图中注明者外，均居墙中。

XXX 市建筑设计研究院

工程名称	教工之家	图号		日期	2016年3月
项目地址	广州城建职业学院	名称	建筑设计统一说明	比例	

XXX市建筑设计研究院

| 工程名称 | | 教之家 | 图号 | |
| 项目地址 | | 广州建筑职业学院 | 名称 | 建筑设计统一说明 |

日期 2016年3月

比例

图 纸 目 录

×××设计有限公司

建设单位	广州城建职业学院
项目名称	教工之家
设计阶段	报建

| 工程编号 | | | | 专 业 | 建筑 | 第 1 页 共 1 页 |

序号	图 纸 名 称	图号 新制图号	采用图号	图 幅	出图日期 2016.03	备 注
1	建筑设计统一说明			A3		
2	首层平面图	JS-01		A3		
3	二层平面图	JS-02		A3		
4	屋顶平面图	JS-03		A3		
5	南立面图	JS-04		A3		
6	北立面图	JS-05		A3		
7	西立面图	JS-06		A3		
8	东立面图	JS-07		A3		
9	楼梯大样图	JS-08		A3		
10	门窗大样图	JS-09		A3		
11	门窗表、格栅大样图	JS-10		A3		
12						
13						
14						
15						
16						
17						
18						
19						
20						
21						

本工程选用标准图集

序号	图 集 名 称	图集号	序号	图 集 名 称	图集号
1			5		
2			6		
3			7		
4			8		

广州城建职业学院
教工之家-建筑施工图

（本图纸仅供学习使用）

×××设计有限公司

设计资质等级：建筑工程设计甲级
工程设计证书编号：×××

二零一六年三月

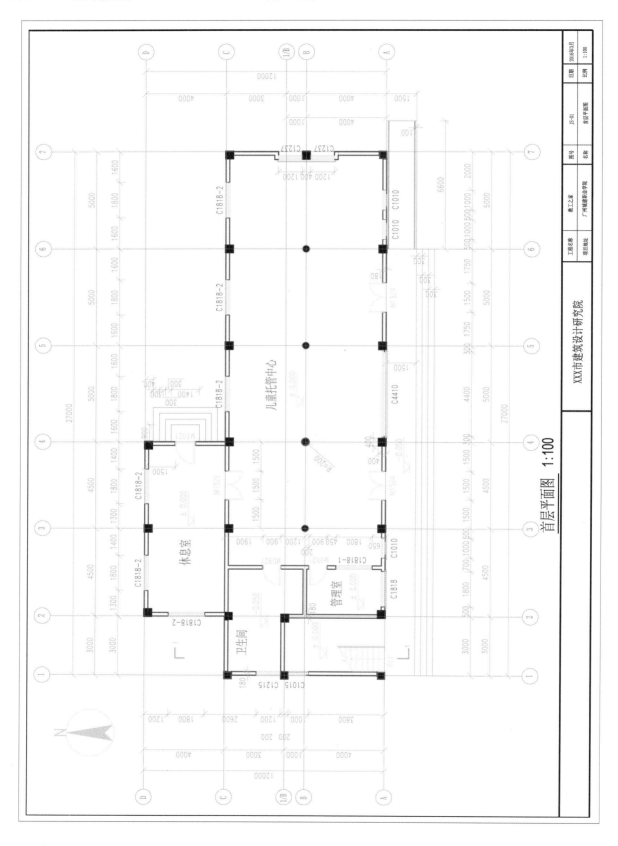

首层平面图 1:100

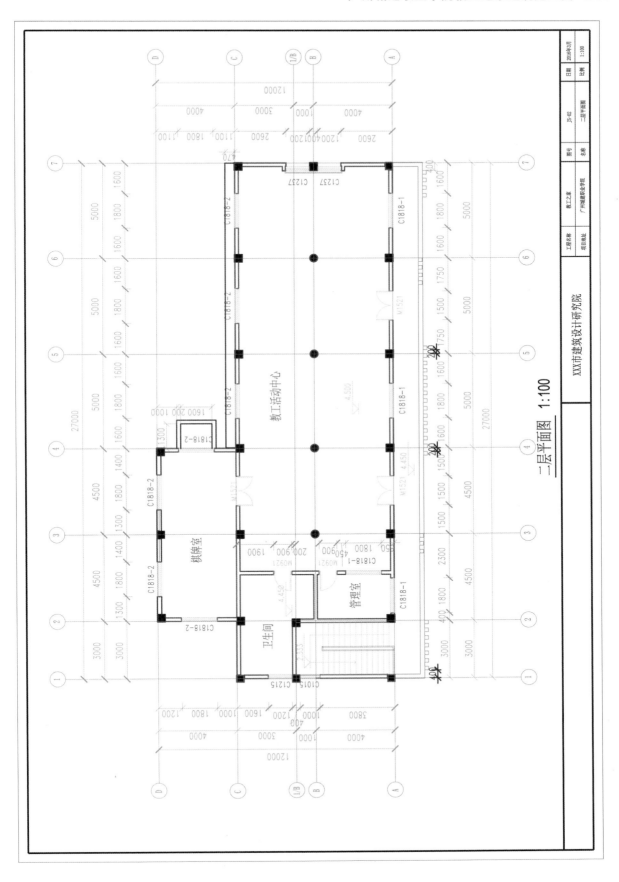

二层平面图 1:100

教工活动中心

棋牌室

卫生间

管理室

C1237 C1237

C1818-2

C1818-1

C1818-2

C1818-2

C1818-2

M1521

M1521

M1521

C1818-1

C1818-2

C1818-2

C1818-1

M0921

M0921

C1215

C1015

XXX市建筑设计研究院

工程名称 教工之家
项目地址 广州城建职业学院

图号 JS-02
名称 二层平面图

日期 2016年3月
比例 1:100

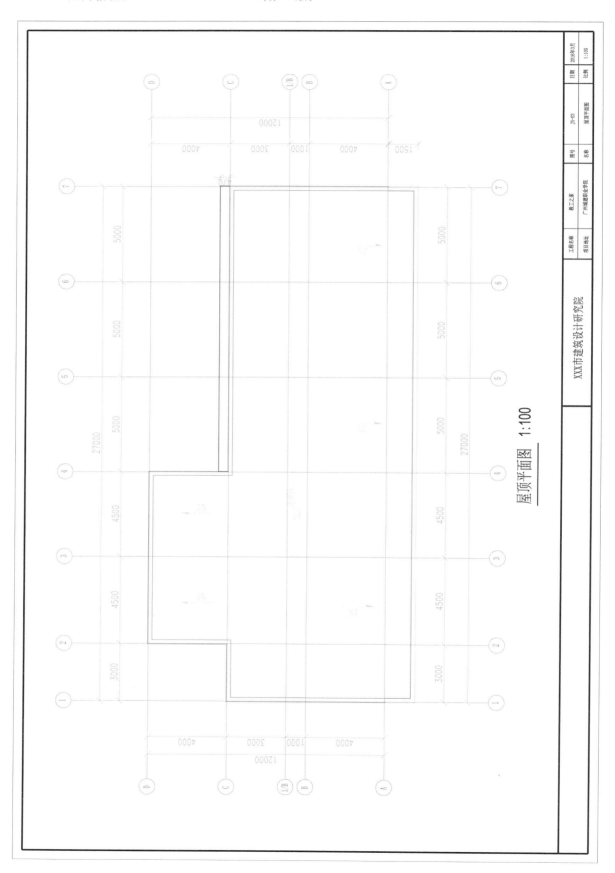

屋顶平面图　1:100

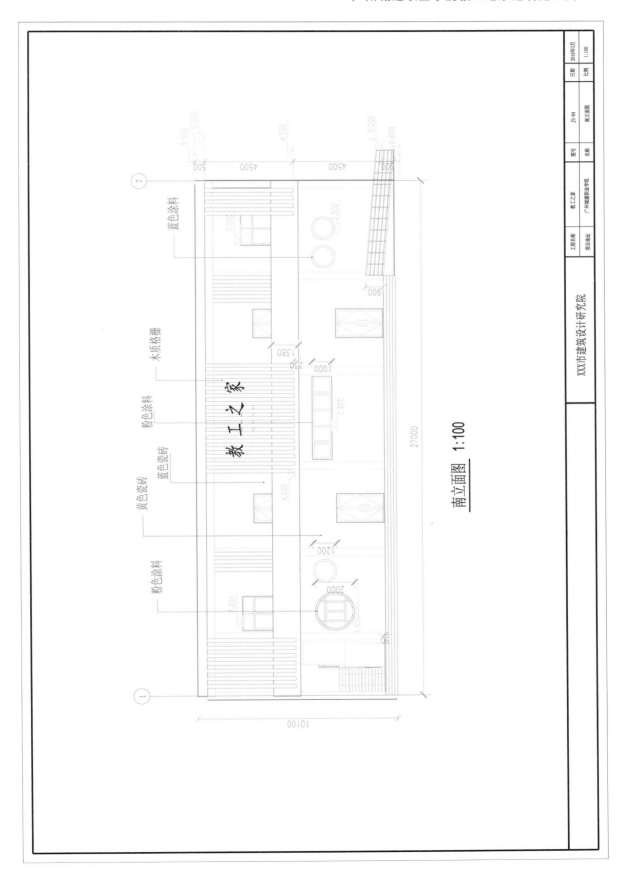

南立面图 1:100

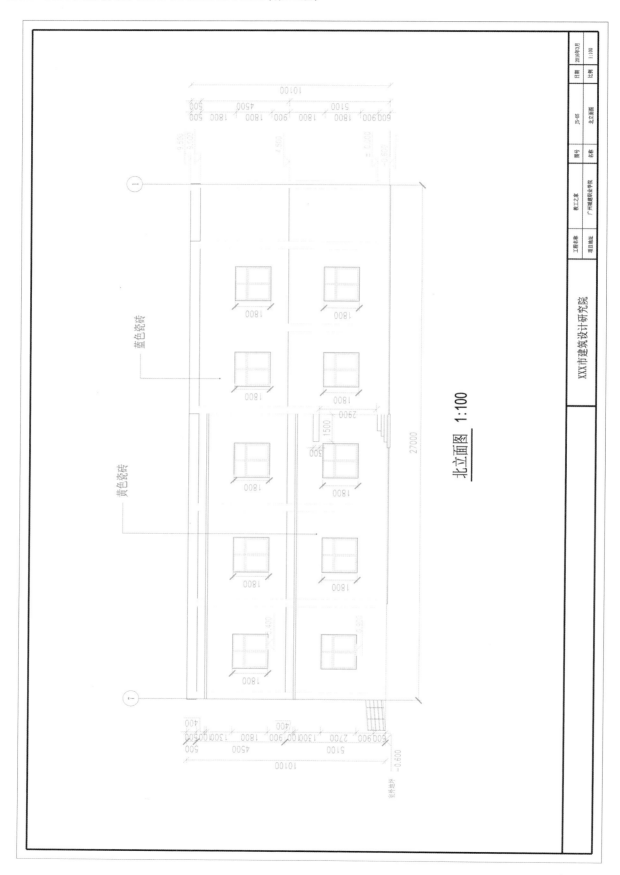

北立面图 1:100

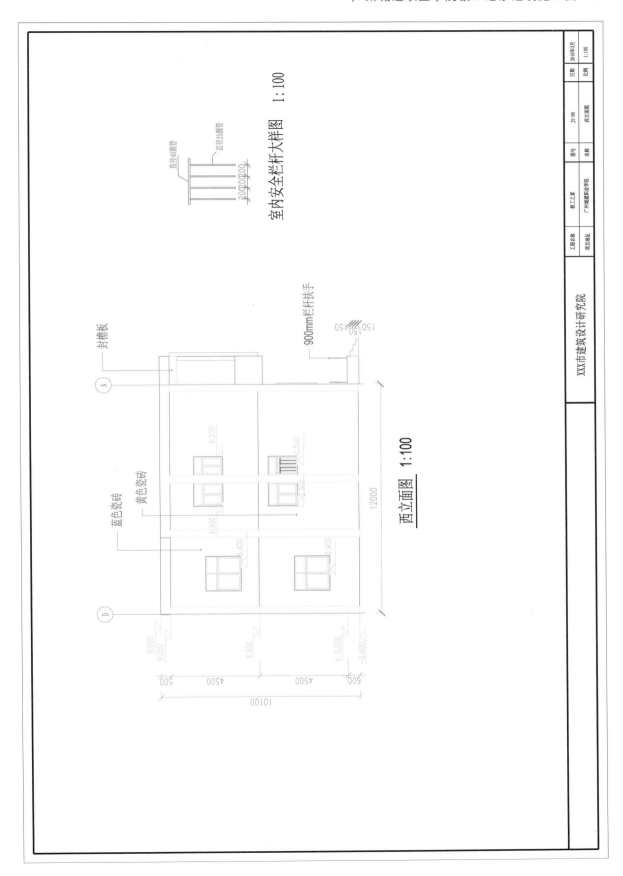

室内安全栏杆大样图 1:100

西立面图 1:100

XXX市建筑设计研究院

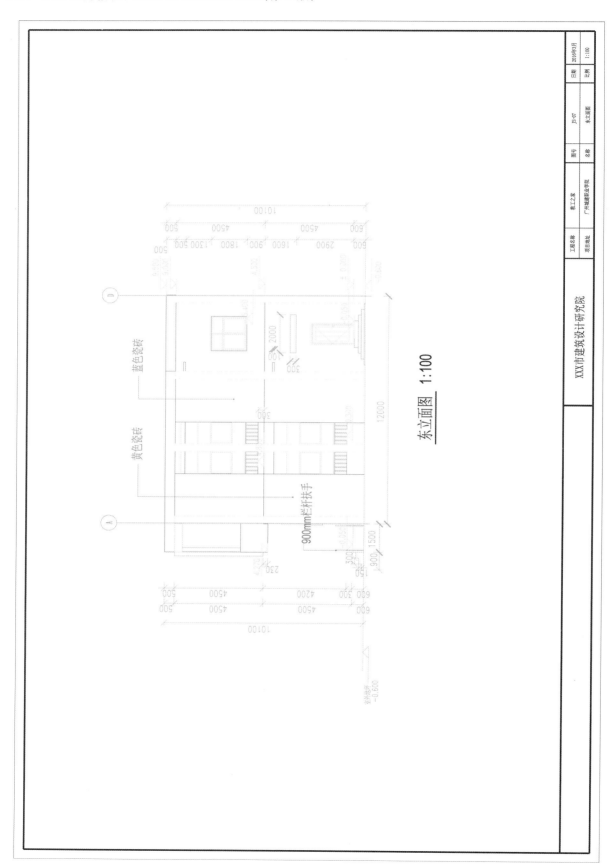

东立面图 1:100

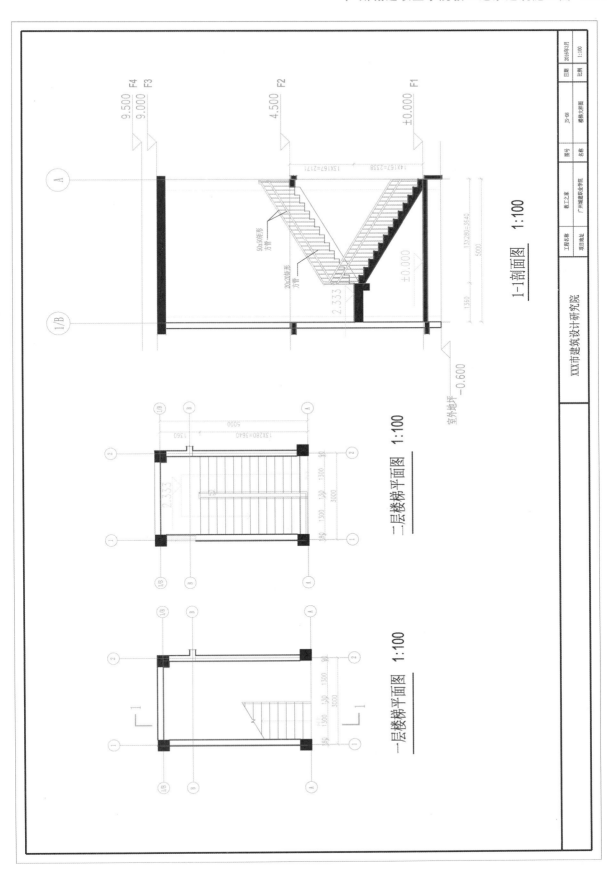

1-1剖面图 1:100

二层楼梯平面图 1:100

一层楼梯平面图 1:100

XXX市建筑设计研究院					
工程名称	教工之家		图号	JS-06	日期	2016年3月
项目地址	广州城建职业学院		名称	楼梯大样图	比例	1:100

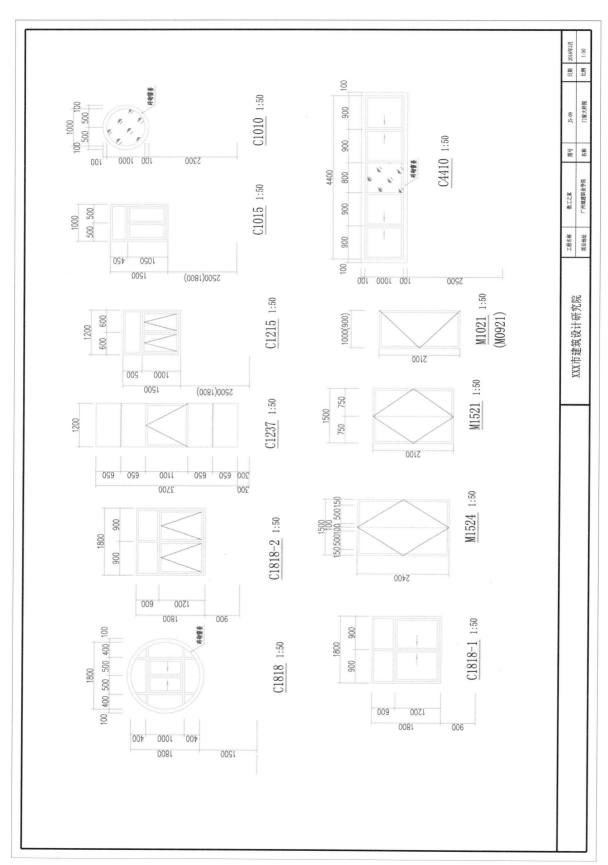

门窗表

类型	设计编号	洞口尺寸(mm)	数量	备注
普通门	M0921	900X2100	4	木质门
	M1021	1000X2100	1	木质门
	M1521	1500X2100	4	钢化玻璃门
	M1524	1500X2400	2	钢化玻璃门
铝合金窗	C1237	1200X3700	4	除落地窗,8厚无色安全玻璃
	C1015	1000X1500	2	90系列铝合金固定窗,6厚无色玻璃
	C1010	1000X1000	3	90系列铝合金固定窗,6厚无色玻璃
	C1215	1200X1500	2	90系列铝合金固定窗,6厚无色玻璃
	C1818	1800X1800	1	90系列铝合金推拉窗,6厚无色玻璃
	C1818-1	1800X1800	5	90系列铝合金推拉窗,6厚无色玻璃
	C1818-2	1800X1800	13	90系列铝合金上悬窗,6厚无色玻璃
	C4410	4400X1000	1	90系列铝合金推拉窗,6厚无色玻璃
铝合金格栅	格栅1	2600X4500	1	200x200X6铝合金方通,表面喷木色漆
	格栅2	1000X3100	1	200x200X6铝合金方通,表面喷木色漆
	格栅3	5800X4500	1	200x200X6铝合金方通,表面喷木色漆
	格栅4	1400X3100	1	200x200X6铝合金方通,表面喷木色漆
	格栅5	1400X4500	1	200x200X6铝合金方通,表面喷木色漆

注:1. 本门窗表只注明上表所需窗口尺寸,制作前务必根据门洞实际尺寸及装修面层尺寸,生产厂家应根据现场专业具体尺寸及相应规范加以核对,制作前请核查门洞的净尺寸及其装修口尺寸。

2. 凡与开窗直接接触的均为由自由面选配,本涂接点常应采取防腐隔断装置,所有接点需由专业生产厂家负责具体细部和相应设计加以确立。公司投标时未提及者生产厂。设计、制作、安装、并复其齐全。

3. 本图大样中以本门窗立面分格形式、开启位置、生产厂家制作时应根据实际情况的要求加以核对。本门窗尺寸与装修对象不符。

4. 玻璃幕墙及及幕墙尺寸等厂家制作时以实际风压计算核定。且铝合金型材主要为横断面应用粒厚大量铝≥2mm,铝合金整体厚度不小于1.4mm。

5. 本工程中下列物品及颁纹使用安全玻璃,并须符合《建筑玻璃应用技术大量量》JGJ 113-2015 的有关要求。a:室内隔断正常应用粒厚大量量b:玻璃采用热型大量量,1.5平方米粒度或,c:玻璃采用及片安置系采用均均符合

6. 另一层以上窗体外临面开启的使用高度不低于900作防护栏杆,护拦手临面粒度1.5平方大临粒或,并体身高度距面高不小于900的栏杆。

7. 所有铝合金门窗安装采用粒度,散水,却凡处,木临性,气密性,平度度度级效及均均符合专业大量并达到国家有关规定。

8. 断所门窗及与雨雨完成面同高30高踏线,卫临卫生部规定。

9. 门窗制作安装详请见单大样详见《铝合金门窗》02J603-1图集。

格栅5 1:50

格栅4 1:50

格栅2 1:50

格栅3 1:50

格栅1 1:50

XXX市建筑设计研究院 | 工程名称 教工之家 | 项目地址 广州城建职业学院 | 名称 门窗表、格栅大样图 | 图号 JS-10 | 日期 2016年3月 | 比例 1:50